大科学家讲小科普

宇宙深处有角落吗

匡廷云 黄春辉 高 颖 郭红卫 张顺燕 主编
吕忠平 绘

吉林科学技术出版社

图书在版编目（CIP）数据

宇宙深处有角落吗 / 匡廷云等主编. — 长春：吉林科学技术出版社, 2021.3

（大科学家讲小科普）

ISBN 978-7-5578-5155-2

Ⅰ. ①宇… Ⅱ. ①匡… Ⅲ. ①宇宙－青少年读物 Ⅳ. ①P159-49

中国版本图书馆CIP数据核字(2018)第231222号

大科学家讲小科普　宇宙深处有角落吗

DA KEXUEJIA JIANG XIAO KEPU　YUZHOU SHENCHU YOU JIAOLUO MA

主　　编　匡廷云　黄春辉　高　颖　郭红卫　张顺燕
绘　　者　吕忠平
出 版 人　宛　霞
责任编辑　端金香　李思言
助理编辑　刘凌含　郑宏宇
制　　版　长春美印图文设计有限公司
封面设计　长春美印图文设计有限公司
幅面尺寸　210 mm × 280 mm
开　　本　16
字　　数　100千字
印　　张　5
印　　数　1- 6 000册
版　　次　2022年11月第1版
印　　次　2022年11月第1次印刷

出　　版　吉林科学技术出版社
发　　行　吉林科学技术出版社
地　　址　长春市福祉大路5788号出版集团A座
邮　　编　130118
发行部电话/传真　0431-81629529　81629530　81629531
81629532　81629533　81629534
储运部电话　0431-86059116
编辑部电话　0431-81629516
印　　刷　吉广控股有限公司

书　　号　ISBN 978-7-5578-5155-2
定　　价　68.00元
如有印装质量问题　可寄出版社调换

序

本系列图书的编撰基于“学习源于好奇心”的科普理念。孩子学习的兴趣需要培养和引导，书中采用的语言是启发式的、引导式的，读后使孩子豁然开朗。图文并茂是孩子学习科学知识较有效的形式。新颖的问题能极大地调动孩子阅读、思考的兴趣。兼顾科学理论的同时，注重观察与动手动脑，这和常规灌输式的教学方法是完全不同的。让孩子观赏生动有趣的精细插画，犹如亲临大自然；利用剖面、透视等绘画技巧，让孩子领略万物的精巧神奇；让孩子仔细观察平时无法看到的物体内部结构，能够激发孩子持续探索的兴趣。

“授之以鱼不如授之以渔”，在向孩子传授知识的同时，还要教会他们探索的方法，培养他们独立思考的能力，这才是完美的教学方式。每一个新问题的答案都可能是孩子成长之路上一艘通往梦想的帆船，愿孩子在平时的生活中发现科学的伟大与魅力，在知识的广阔天地里自由翱翔！愿有趣的知识、科学的智慧伴随孩子健康、快乐地成长！

前言

植物如何利用阳光制造养分？鱼会放屁吗？有能向前走的螃蟹吗？什么动物会发出枪响似的声音？什么植物会吃昆虫？哪种植物的叶子能托起一个人？核反应堆内部发生了什么？为什么宇航员在进行太空飞行前不能吃豆子？细胞长什么样？孩子总会向我们提出令人意想不到的问题。他们对新事物抱有强烈的好奇心，善于寻找有趣的问题并思考答案。他们拥有不同的观点，互相碰撞，对各种假说进行推论。科学家培根曾经说过“好奇心是孩子智慧的嫩芽”，孩子对世界的认识是从好奇开始的，强烈的好奇心会激发孩子的求知欲，对创造性思维与想象力的形成具有十分重要的意义。“大科学家讲小科普”系列的可贵之处在于，它把看似复杂的科学问题以轻松幽默的方式阐释，既颠覆了传统说教式教育，又轻而易举地触发了孩子的求知欲望。

本套丛书以多元且全新的科学主题、贴近生活的语言表达方式、实用的手绘插图……让孩子感受科学的魅力，全面激发想象力。每册图书都会充分激发他们的好奇心和探索欲，鼓励孩子动手探索、亲身体验，让孩子不但知道“是什么”，而且还知道“为什么”，以非常具有吸引力的内容捕获孩子的内心，并激发孩子探求科学知识的兴趣。

目 录

目　录

第1节 弥漫在宇宙中的各种神奇力量

“嘭！”——万物都是爆出来的

在遥远的138亿年前，没有时间，没有空间，也没有物质和能量。一个无限小的点爆炸了。在瞬间的爆炸中，宇宙的时空被打开，空间膨胀，时间开始流逝，物质微粒和能量也产生了。

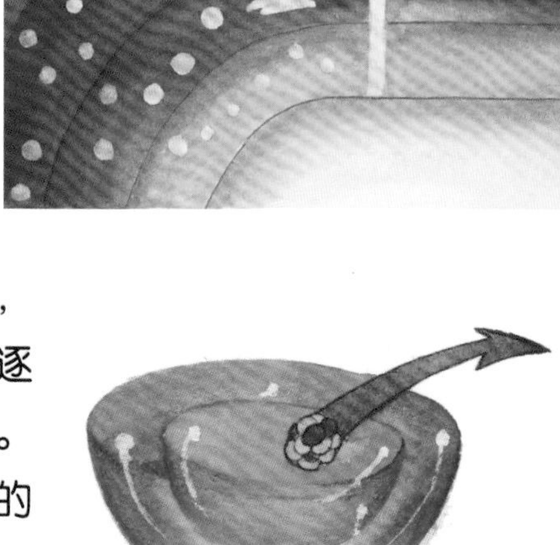

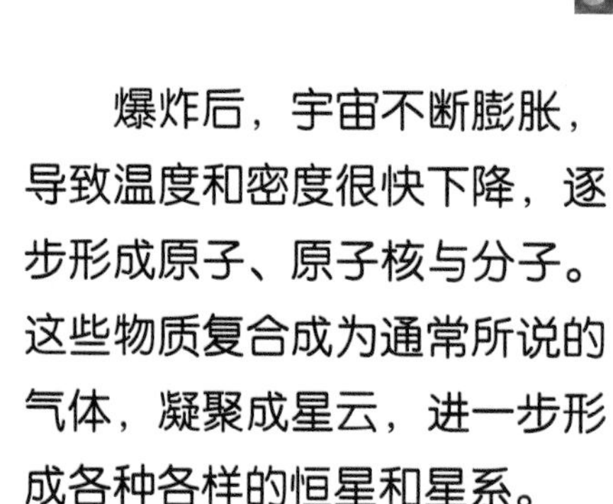

奇点就是宇宙大爆炸的起点，此时时间和空间都为零。

爆炸后，宇宙不断膨胀，导致温度和密度很快下降，逐步形成原子、原子核与分子。这些物质复合成为通常所说的气体，凝聚成星云，进一步形成各种各样的恒星和星系。

宇宙形成的基础

原子是构成物质的基本粒子，原子核由质子和中子组成。宇宙发生大爆炸之后，质子和中子开始形成原子核。之后，构成所有恒星的氢原子和氦原子便形成了。

我们的身体也是被“炸”出来的

宇宙大爆炸仅仅形成了氢原子和氦原子，其他原子都是以后在恒星的中心形成的，然后通过巨型超新星爆发扩散至无垠的太空。我们的地球及身体的大部分，几乎都是由这些原子构成的。

这么说来，地球人与外星人都是兄弟姐妹——我们都来自恒星。

大爆炸的“赠品”人人皆有

宇宙大爆炸的“余温”你可以亲身来感受一下。打开电视机，调到没有节目的频道时，往往会出现密密麻麻的“雪花”，其中一个原因是由于电视机受到了宇宙大爆炸后剩余温度产生的电磁波的影响。

▶ 像气球一样膨胀的宇宙

宇宙从发生爆炸起就在不断膨胀，在大约50亿年前，暗能量促使这种膨胀加速。用望远镜观察天体时，遥远的星系正在离我们远去，距离越远的星系速度越快。这说明宇宙正在膨胀，星系间的距离越来越远。

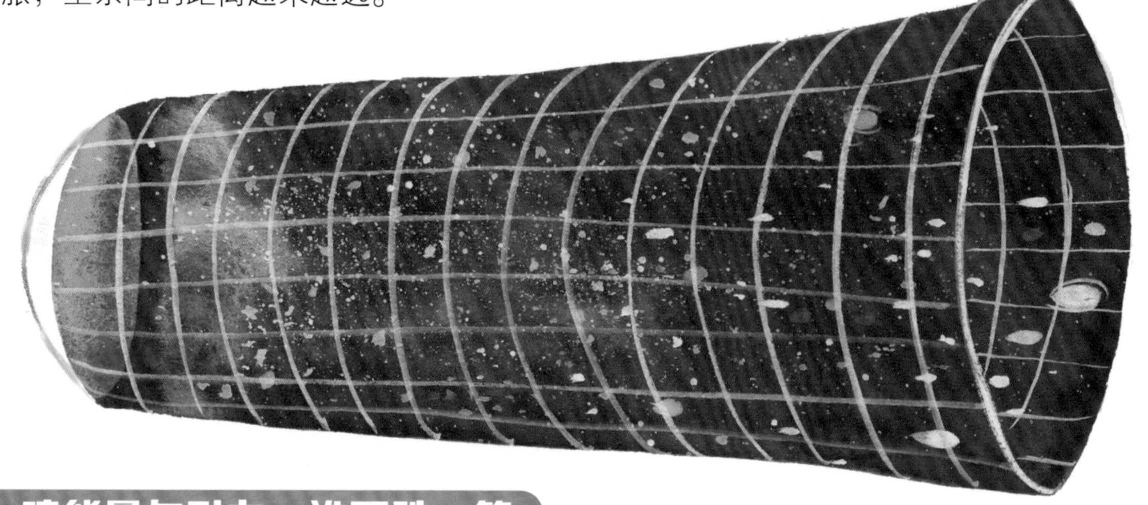

▶ 暗能量与引力，谁更胜一筹

虽然暗能量正在使宇宙加速膨胀，但宇宙中也存在着引力，它能把物质吸引在一起，阻止这种无止境的膨胀。这两种力量相互角力，维持着宇宙的平衡。但目前，暗能量仍占据优势。

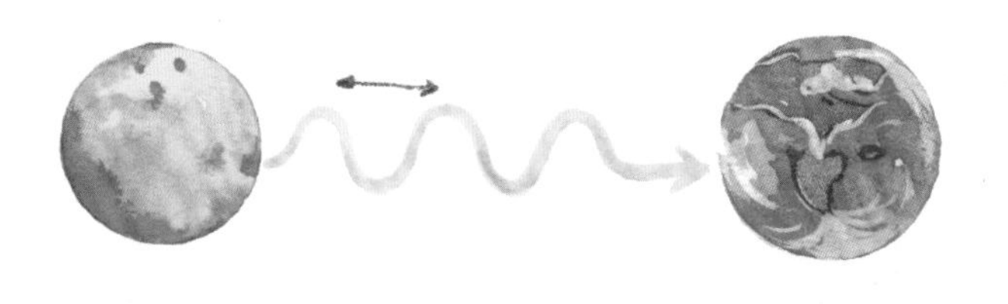

1 秒内宇宙就从奇点迅速膨胀到目前太阳系的 1 000 倍大。

▶谁披上了“宇宙牌隐形衣”

宇宙由“看得见的宇宙”和“看不见的宇宙”组成。原子组成了各种天体、星际的普通物质，普通物质又组成了宇宙中“看得见”的部分，它们仅占宇宙总质量的4.9%。

真正主宰宇宙的是那些“看不见”的部分——暗物质和暗能量，它们占据宇宙总质量的 95.1%。暗物质是一种不明性质的粒子，暗能量能够产生与引力相反的排斥力。

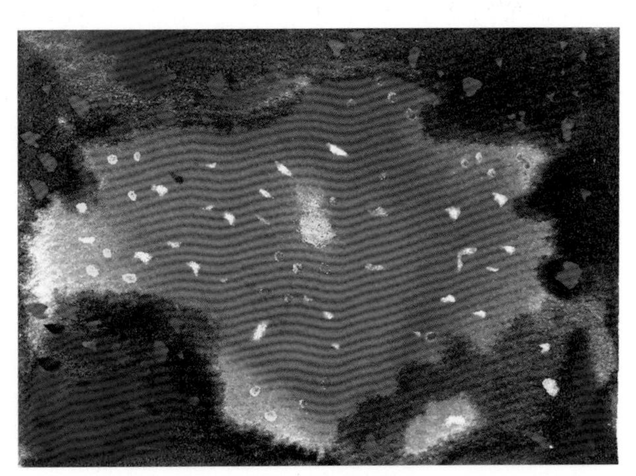

▶ 用多大的尺子可以测量宇宙

人类用光线与电波测量宇宙。我们肉眼所见的星星发出的光都是很久以前发出的，从距离地球最遥远的原星系发出的辐射，要历经138亿年的漫长旅行才能到达地球。

也就是说，宇宙已有138亿岁的高龄了。而目前宇宙仍不断地膨胀，“宇宙边缘”以比光速更快的速度扩张，所以人类现在是无法测量宇宙广度的。

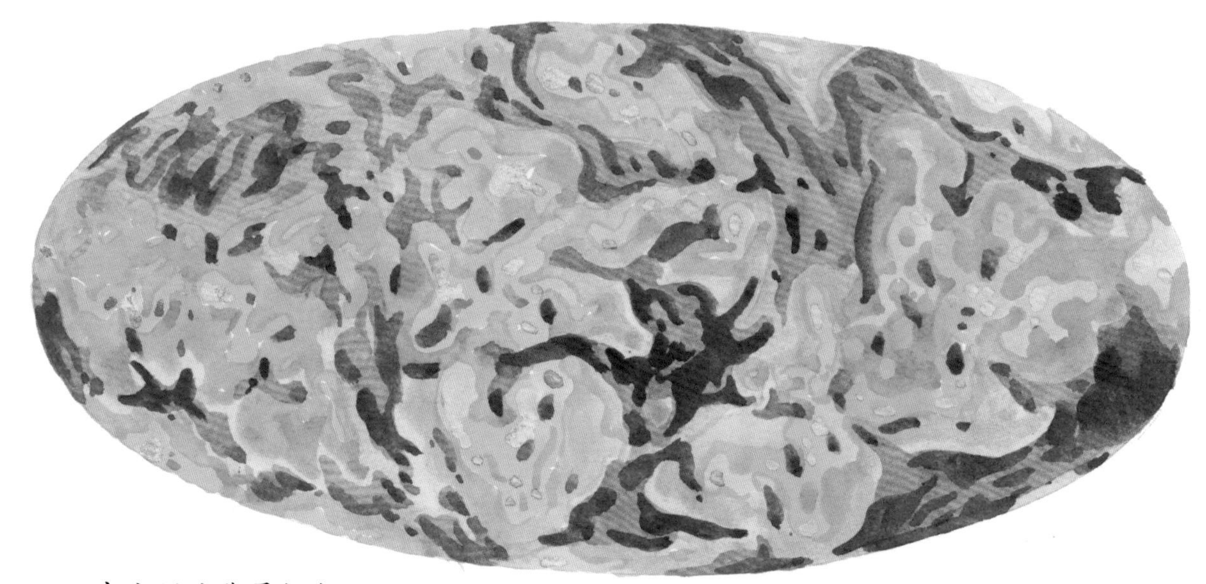

宇宙微波背景辐射图

宇宙的广袤不可估量，我们无法得知它的真实形状。科学家们认为，当前宇宙中物质之间的引力和斥力非常接近平衡，因此，宇宙扩张速度会无限逼近于零，但又永远都在膨胀中。这样的宇宙被认为是平坦的且大小是无限的。

一个完全平坦的宇宙没有边界，而且会无限地膨胀下去。

宇宙像是一张广阔的“毯子”

▶躲在星际深处的“黑暗组织”

暗物质是宇宙的一只隐形的巨手，将星系紧紧连在一起。高速运行中的恒星和气体云被暗物质束缚在星系之中，不会四散而去。

暗物质只在某些地方聚集成团状，它既不是由原子构成的，也不能反射光或辐射，所以天文学家只能通过它的引力效果来推测它的存在。

暗能量主宰宇宙命运

说到能抗衡整个宇宙中全部物质的引力作用的强大能量，非暗能量莫属了。它比暗物质更为神秘，能使物质的质量完全转化为能量。暗能量在宇宙中是均匀分布的，太阳系中所有的暗能量加起来，与一颗小行星差不多重。

“宇宙大撕裂”真是最可怕的世界末日！

不用担心，如果“宇宙大撕裂”理论成立，也是发生在极为遥远的167亿年之后。

谁能撕裂宇宙

一些物理学家认为，暗能量最终会使宇宙发生“大撕裂”，从而摧毁宇宙。他们声称，在世界末日来临的前两个月，地球将从太阳系剥离，接着月球脱离地球引力束缚。在时间终止前16分钟，地球将会被暗能量撕裂。

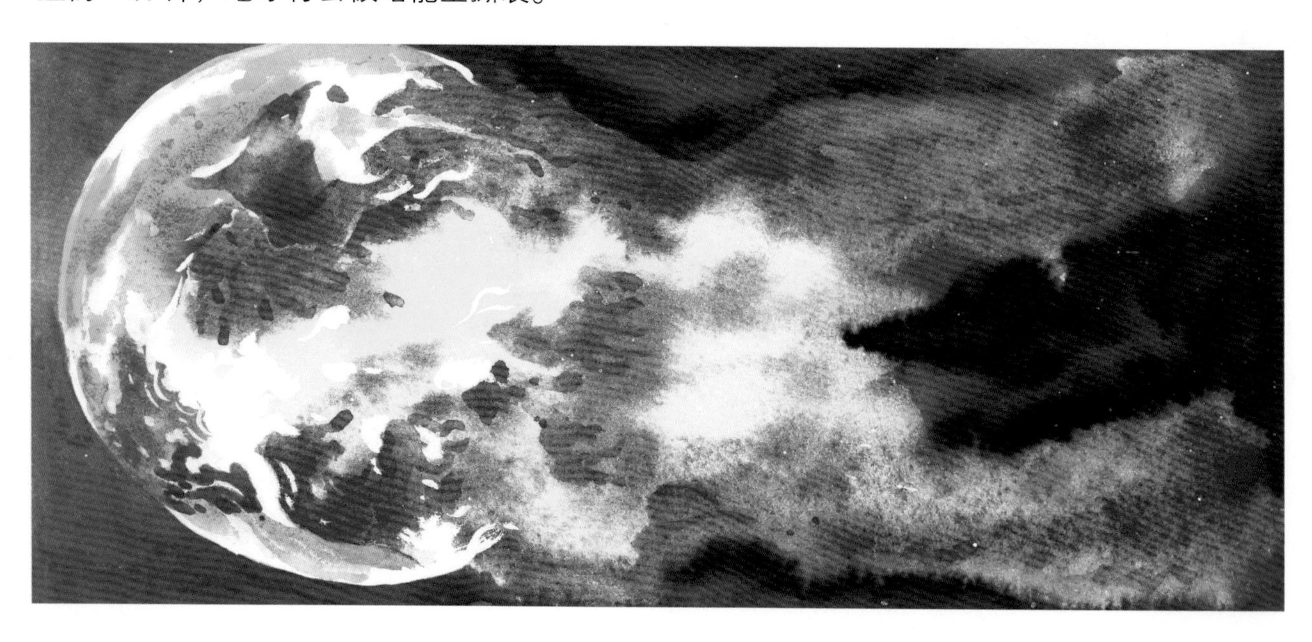

黑洞非洞

黑洞其实并不是大洞，而是宇宙中一种极为神秘的天体。它的可怕之处在于拥有异常强大的引力，只要有东西靠近就会被它无情地吞没，即使是光也无法逃脱。

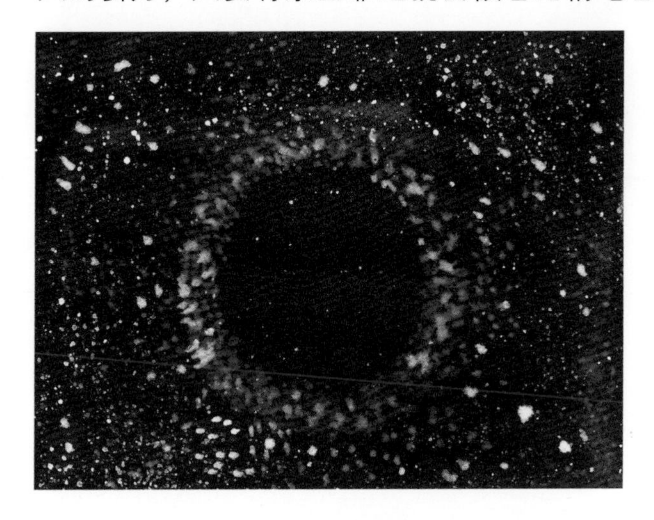

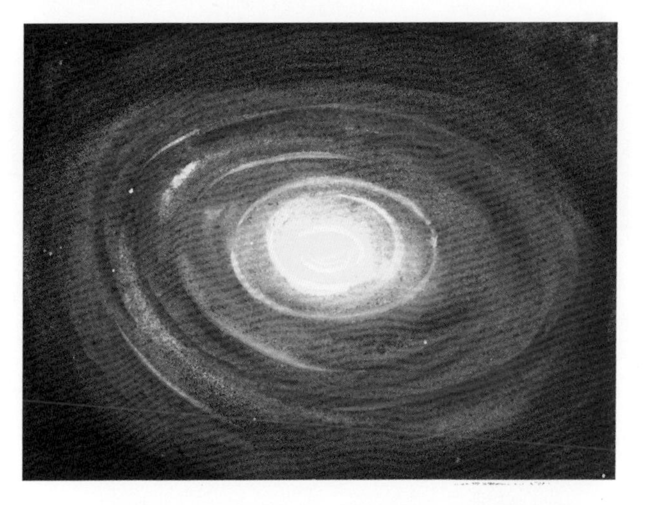

黑洞是恒星的核心形成的，质量奇高。一个直径不到 2 米的黑洞质量就与海王星差不多。如果地球变成一个黑洞，那么它仅有弹珠那样大。

人类生命居然靠黑洞守护

黑洞对地球生命起着非常重要的作用。在宇宙诞生之初，超强的宇宙辐射充斥着整个空间，而黑洞的出现正好吸收了这些辐射，使它们无法将一些生命必备物质“扯碎”。可以说，黑洞在某种程度上帮助地球“制造”了生命。

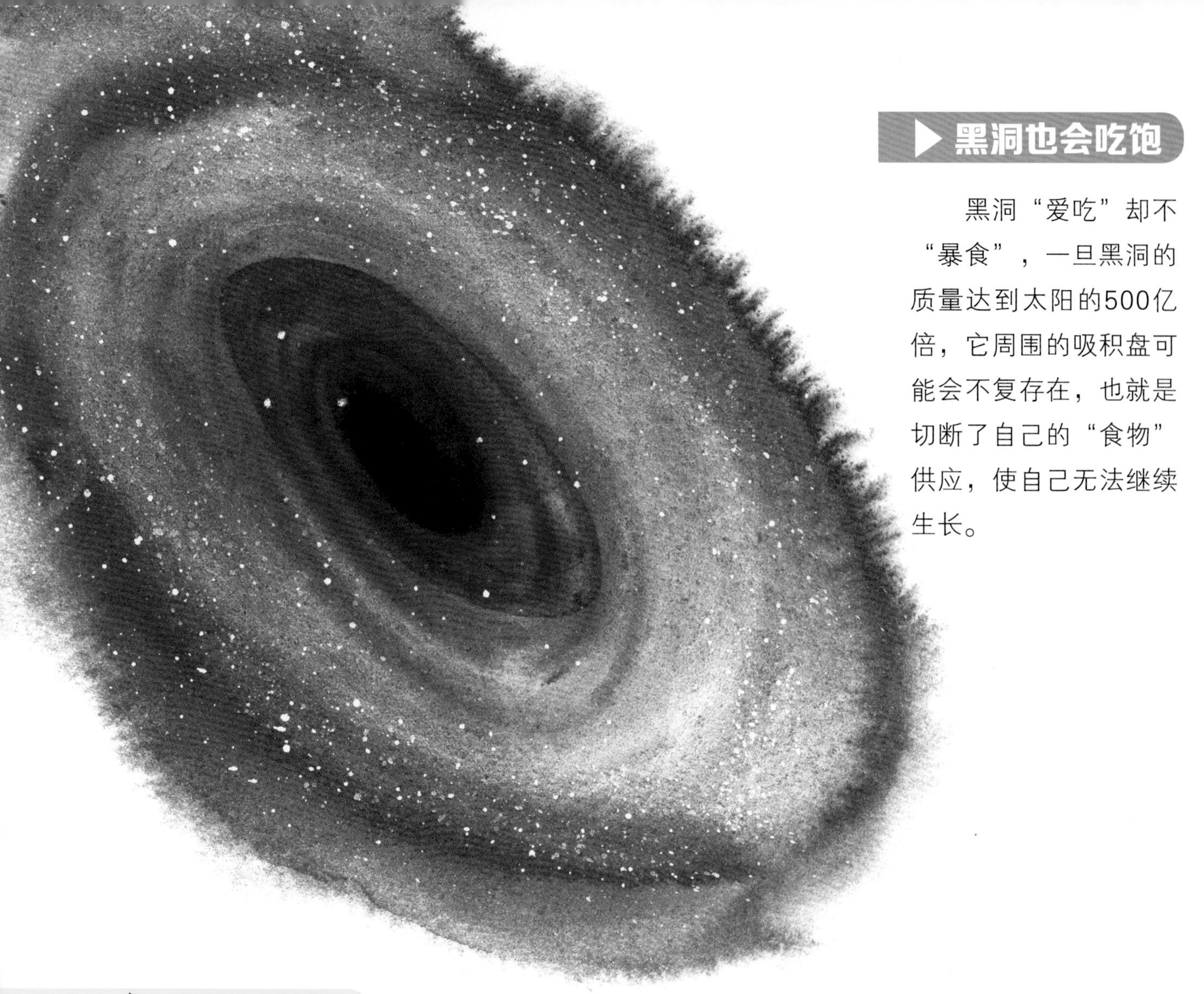

黑洞也会吃饱

黑洞“爱吃”却不“暴食”，一旦黑洞的质量达到太阳的500亿倍，它周围的吸积盘可能会不复存在，也就是切断了自己的“食物”供应，使自己无法继续生长。

白洞与黑洞

科学家们相信，既然存在黑洞，那必然存在与其相对的“白洞”。黑洞不断地吞噬物质，而白洞则不断地向外喷射物质。有一种观点是当黑洞抵达“生命”的终点，它会转变为一个白洞，并将吞掉的所有东西重新释放出来。

▶ 一起来观看宇宙烟火表演

在距离地球 1.3 亿光年的长蛇座南部，两颗旋绕的中子星相撞。在高温下，飞速膨胀的高密度碎片云从两个中子星上剥落，形成了爆炸的粉色云团。

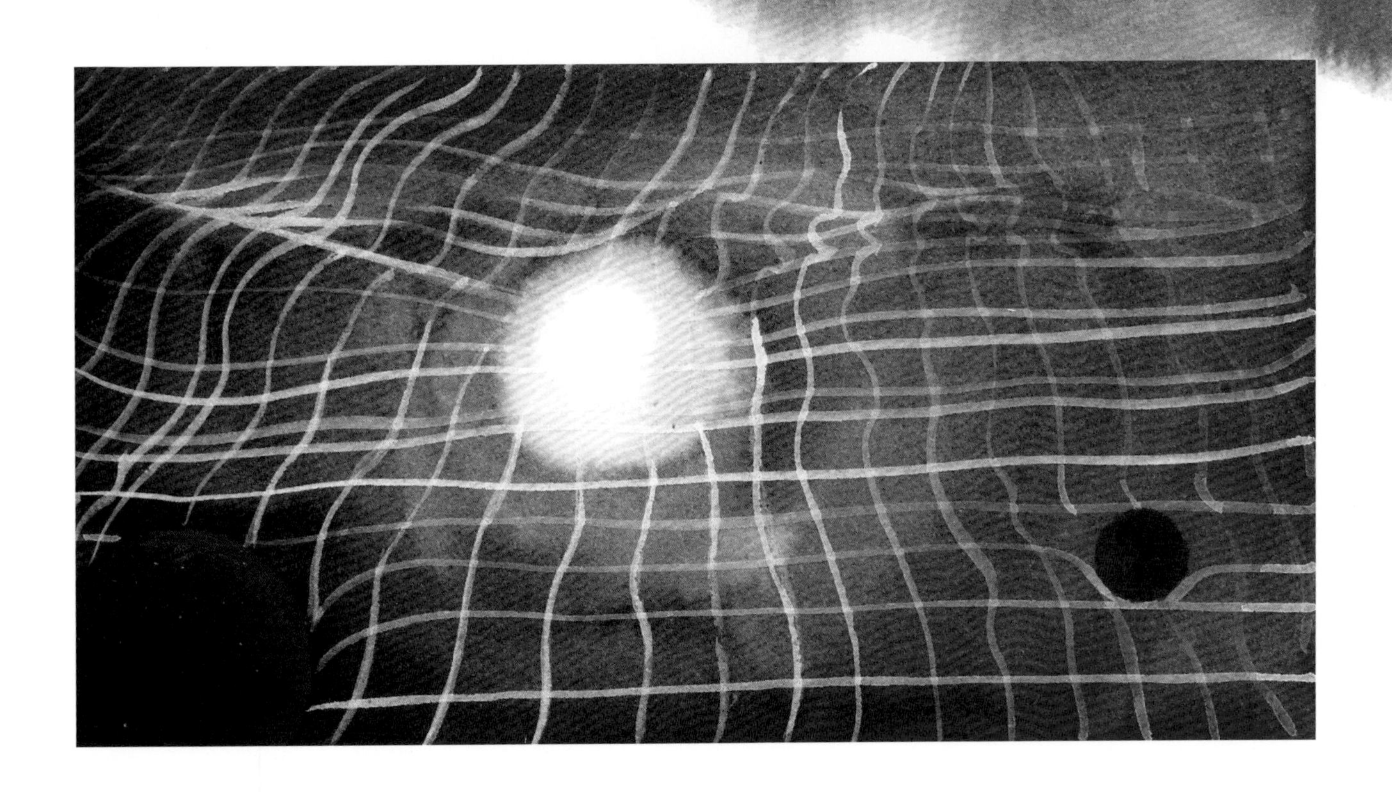

▶ 宇宙大蹦床——引力波

简单地说，引力波就像人在平整的蹦床上突然跳了一下，形成了震动并以波的形式向外延展。而宇宙中的这一次碰撞，让人类首次成功探测到了引力波对应的光学信号。

宇宙不止一个，你也不止一个

引力波在某种程度上验证了平行宇宙的假说。科学家曾经大胆猜想，如果我们的宇宙只是一个“泡沫”，那么在宇宙之外还有其他“泡沫宇宙”形成，且它们之间有可能会碰撞、震荡，引起时空涟漪。

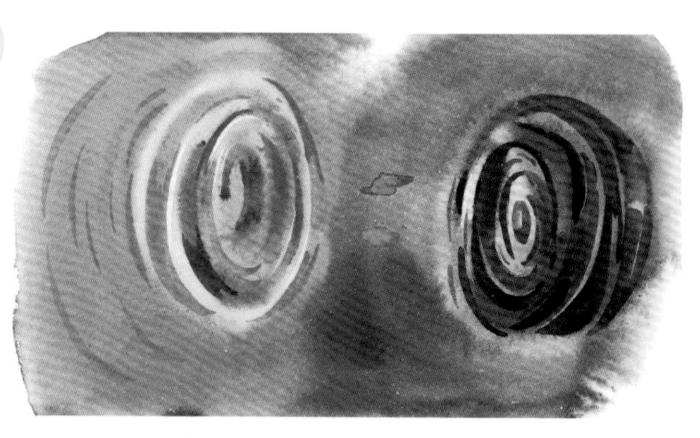

另一个我也是这样帅吗?

引力波信号其实就是时空涟漪，就像在宇宙最初大爆炸“海洋”中形成的“波浪”一样，在此后的 138 亿年内不断地在宇宙中“荡漾”。科学家能够从中获得宇宙诞生时的信息。

也就是说，也许在另一个宇宙，还会有一个一模一样的你哟!

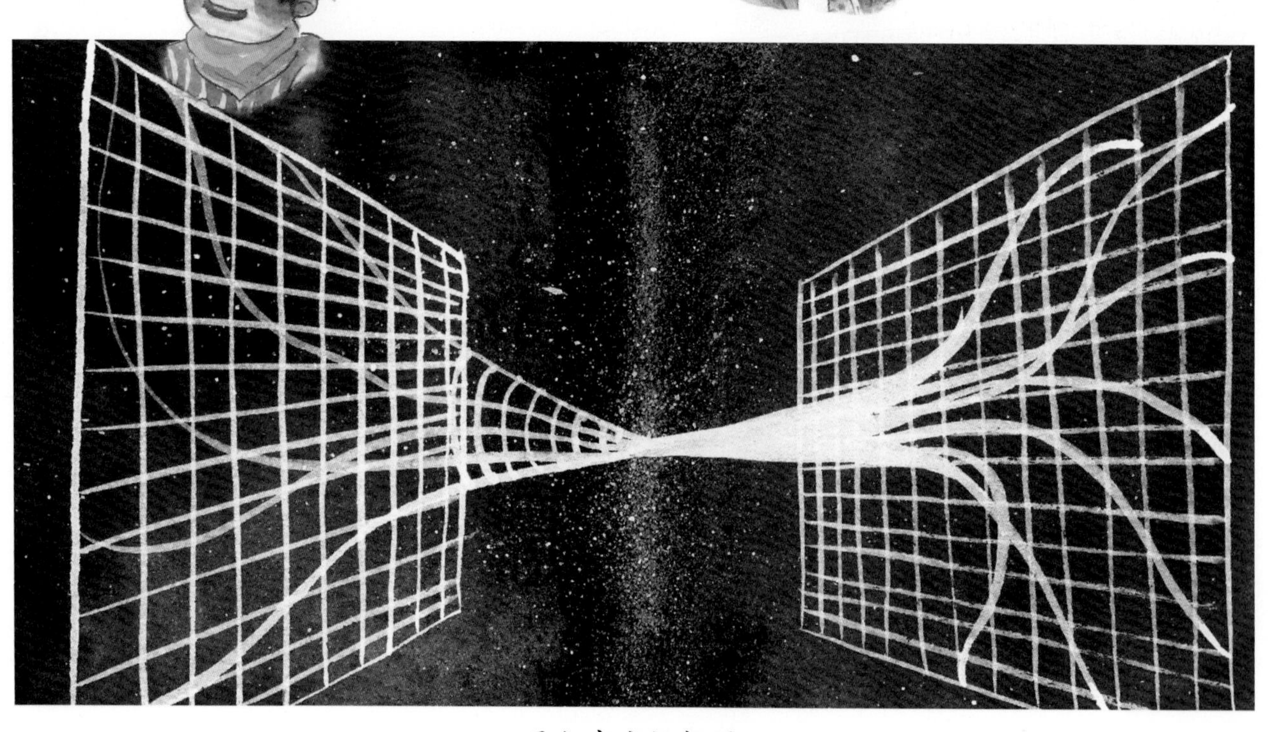

平行宇宙假想图

▶ 虫洞能让人穿越时空吗

虫洞又叫作时空洞，是科学家推算出来的，是连接宇宙遥远区域间的一条细细的管道。简单来说，理论上，只要能穿越连接两个时空的虫洞，就能进行跨宇宙或者跨时空旅行。

虫洞也可能是连接黑洞和白洞的时空隧道，所以也叫“灰道”。

在虫洞理论中，人类不仅可以在浩瀚的星际中快速穿梭，还能回到过去亲眼看一看历史。可惜的是，迄今为止，科学家们还没有找寻到虫洞存在的证据。

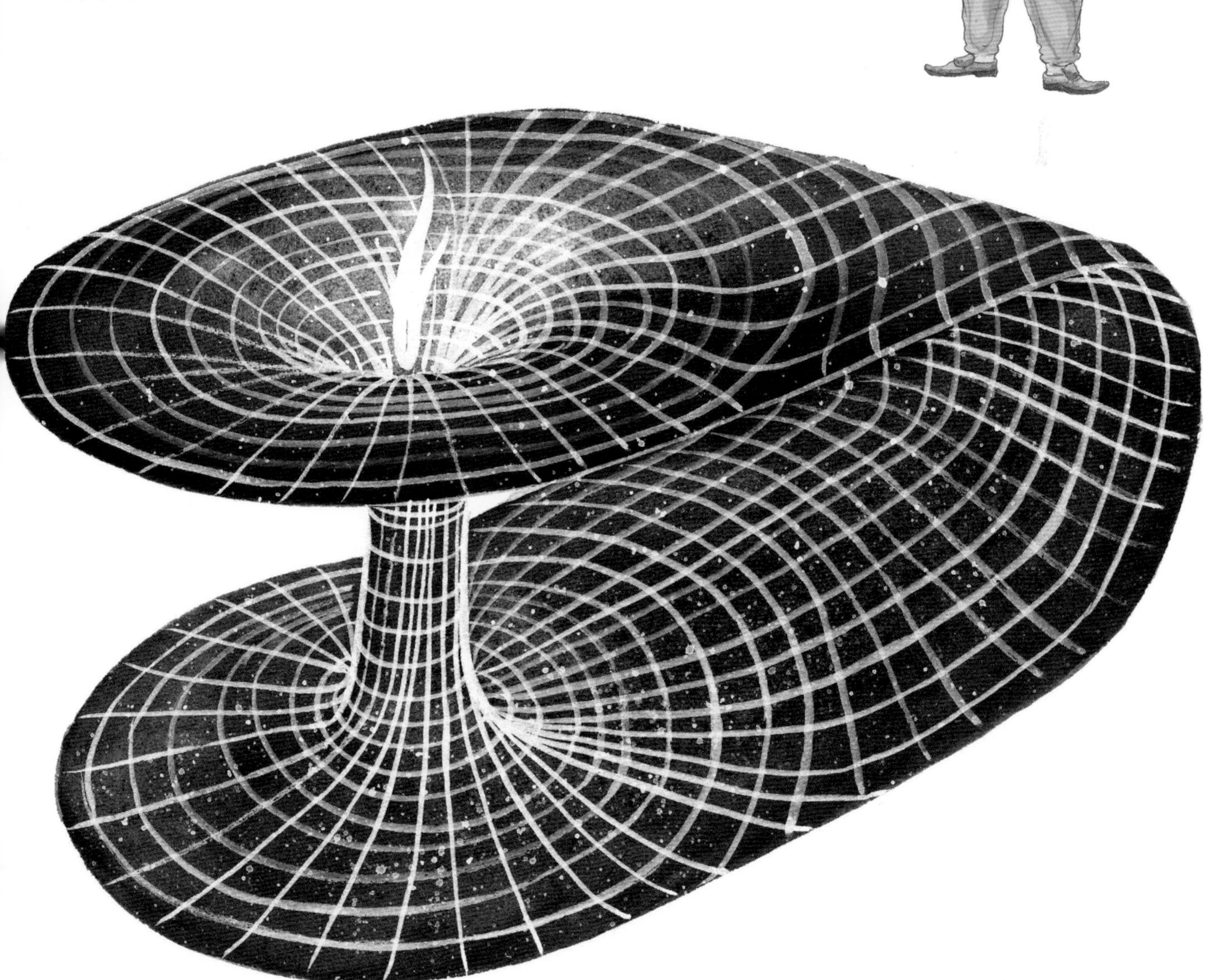

第 2 节 在太空转动的宇宙陀螺——行星

太阳系“八福星”大有不同

太阳系里的八大行星就像陀螺一样不停地围绕着太阳旋转，而这些行星也是“分帮结派”的，各有不同。

水星、金星、地球和火星都是类地行星，主要由岩石构成，它们的密度大，体积小，卫星数量少。

木星、土星、天王星和海王星属于类木行星，远离太阳，全是主要由气体组成的气态星球，所以密度小，体积大，卫星数量也多。

类地行星

水星

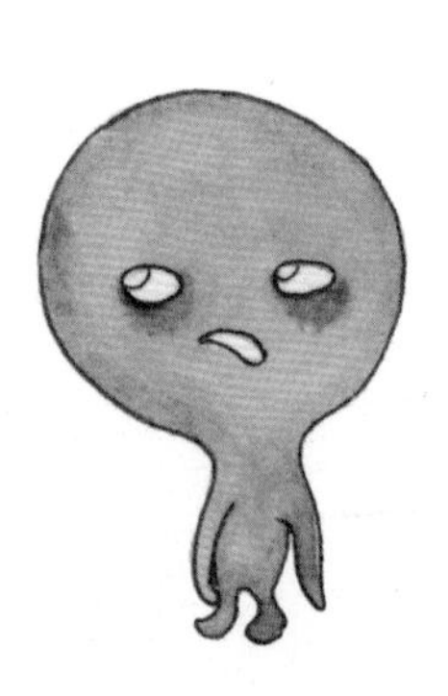

金星

地球

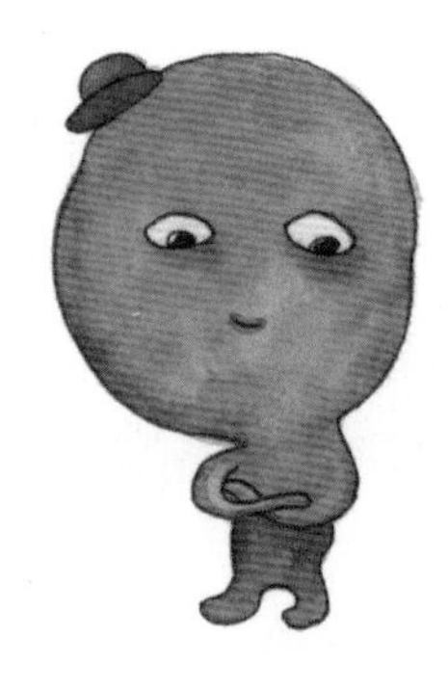

火星

类木行星

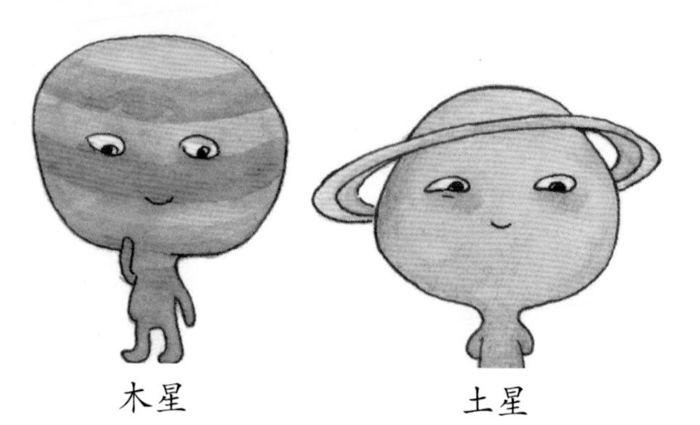

木星　　土星

天王星

海王星

▶ 行星是从哪里冒出来的

行星是由年轻恒星周围的尘埃和气体组成的，行星越年轻，尘埃环越大，这决定了行星的类别。比如大块头的木星，最早只是一团气体，后来在旋转的过程中，石块相互碰撞结为一体，形成了一个石质的内核。

▶ 行星们如何遵守“宇宙交通规则”

行星们都有各自的“行驶轨道”——太阳系的八大行星几乎都在同一个平面上围绕太阳公转，这个平面就叫“黄道面”，是受太阳的引力影响而形成的。

▶ “抱着火炉吃西瓜”的小铁球

事实上，水星应该称为“铁星”，因为它有3/4是由铁元素组成的，体积仅比月球大一点点。水星上只有稀薄的大气，赤道地区白昼地表温度可达430℃，晚上又骤降至 –180℃左右，可以说是一个“抱着火炉吃西瓜”的冰火世界。

水星的一天非常漫长，两次日出相隔 176 地球日。

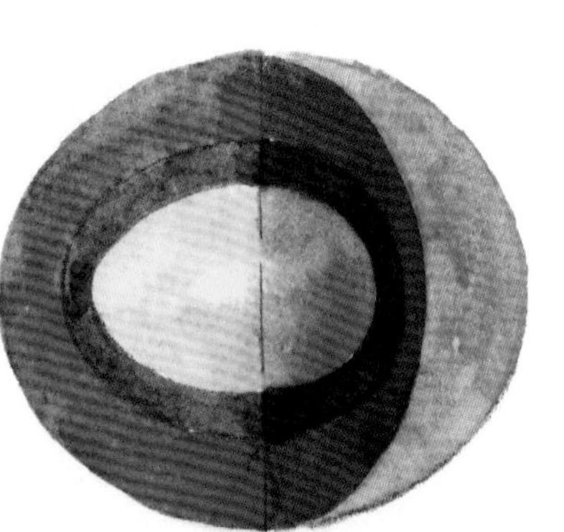

水星剖面图

水星上面没有液态水，所以并不是人们想象中的大水球。在温度极低的水星北极存在着一些环形山，那里隐藏着 30 亿年前形成的冰山，重量为 1 000 亿 ~10 000 亿吨。

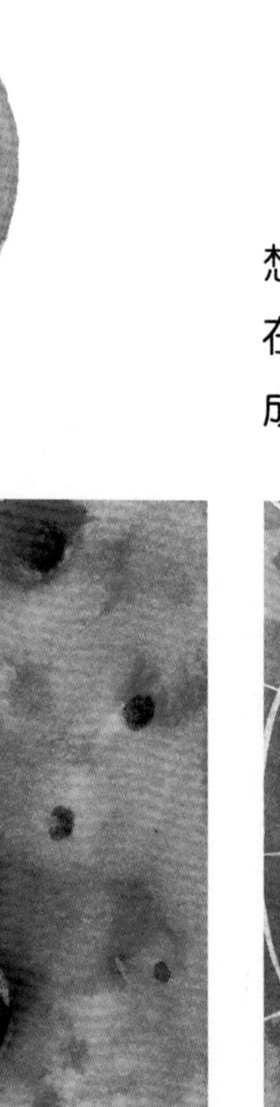

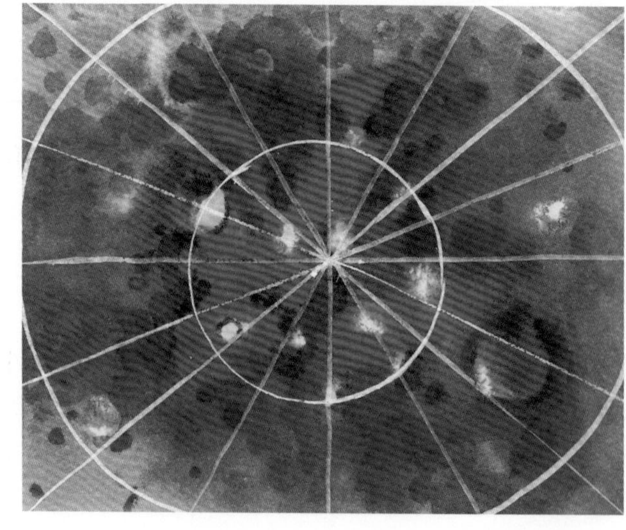

▶宇宙“高压锅”

金星就像一个天然高压锅，大气压力相当于90个地球的标准大气压。如果不穿保护装置进入里面，肯定会被气压活生生“压”死。有趣的是，在金星的夜空中，最亮的“星星”是地球。

高温、高压、酸雨使航天器无法长时间正常作业。

▶下“刀子雨”的地狱星球

金星的表面是硫化物和硫酸构成的云层，到处狂风飞石，电闪雷鸣。在这里，火山喷发和下酸雨是家常便饭。最奇特的是，金星上的“雨”不是液体，而是金属片，一旦我们进入金星，分分钟就会被“利刃”穿透。

▶ 孕育生命的蓝色星球

地球诞生于46亿年前，它与太阳来自同一片星云——一团由尘埃气体组成的混合物。在地球引力作用下，大量气体在地球周围形成数千千米的大气层。

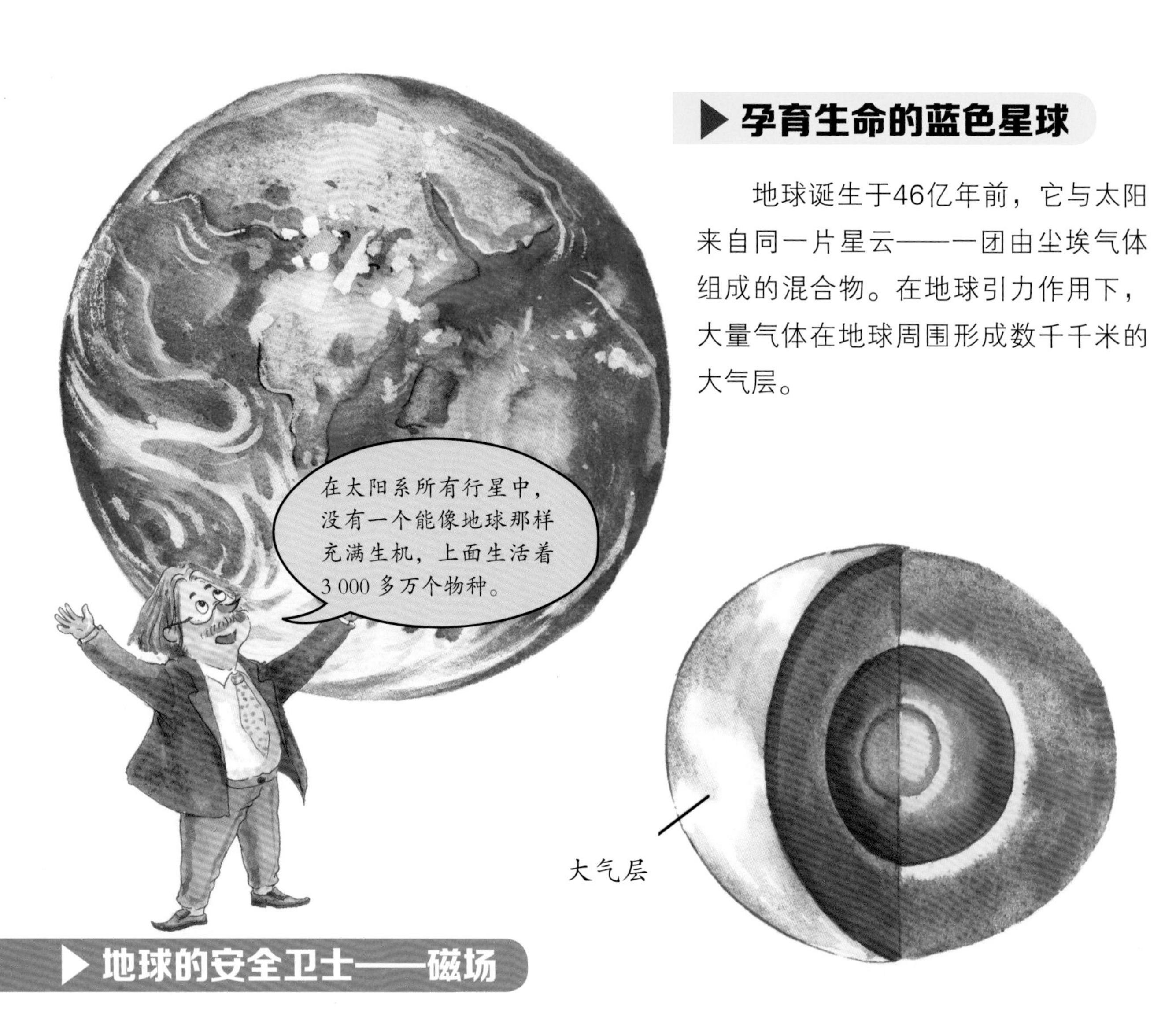

在太阳系所有行星中，没有一个能像地球那样充满生机，上面生活着3 000多万个物种。
大气层

▶ 地球的安全卫士——磁场

地球炽热的中心形成了强大的磁场，它与大气一同阻止来自太阳和其他天体的有害射线，是我们的“守护神”。要是磁场消失了，地球上的空气就会逃逸，地震、火山喷发和海啸会相继而来，我们将重新进入冰川期。

臭脾气的狂暴星球

火星是一个沙漠行星，地表上遍布沙丘砾石，“土特产”是沙尘暴，一旦刮起来可足足维持3个多月，强度远超地球上的12级台风。

火星的大部分笼罩在沙尘暴之中，就像一个暗红色的巨型灯笼。这是由于火星表面的岩石含有较多的氧化铁，这使它看上去是红色的。

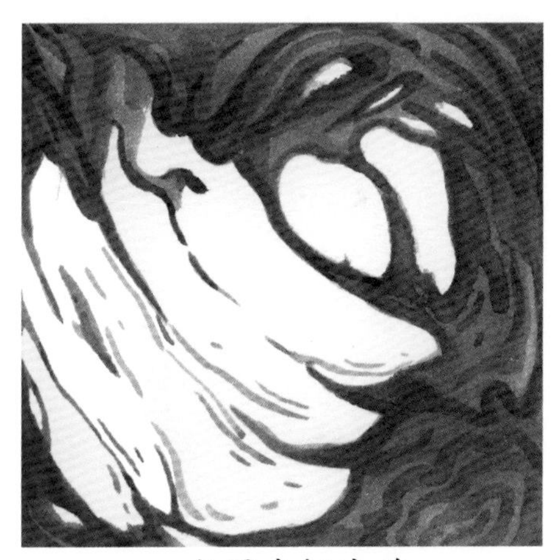

火星南极冰盖

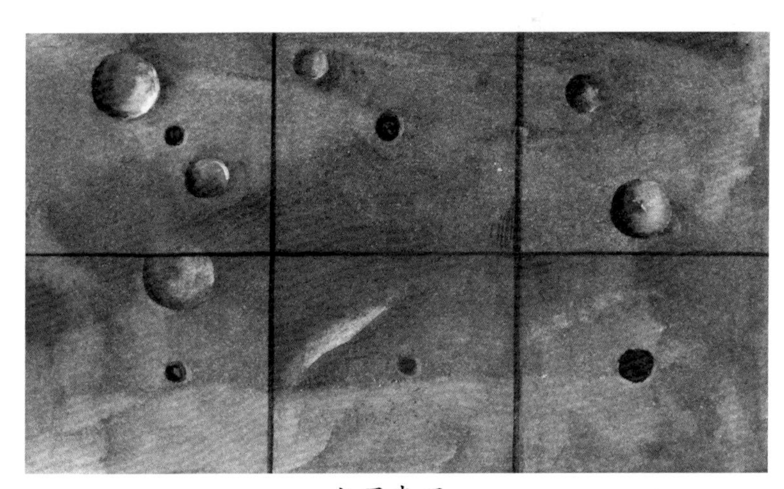

火星表面

火星的一天约为 24 小时，年均气温约为 -61℃，有着类似地球的季节变化，两个极冠地区还存在大量的冰块。

幸亏木星没有成为
太阳，要不然地球
肯定被它烧焦。

▶ 行星中的巨无霸

木星是太阳系中的巨无霸，它的质量是其余七大行星质量总和的2.5倍。木星是气态行星，也就是说它没有坚实的表面，你不可能“站在木星上”。

木星的大气成分主要是氢和氦，与太阳相似。如果它的质量再增加50～100倍，其核心就可以产生氢核聚变，有望成为第二个太阳。

▶ 木星自带“间谍清除器”

木星具有太阳系行星中最强大的磁场。大量带电粒子被困在磁场中，形成剧烈的辐射带，就像个消除“间谍”的“清除器”，各类仪器在其周围都会很快失效。

▶ 宇宙中最大的“咸鸭蛋”

木星外观就像个“咸鸭蛋”。“大红斑”和“白卵”是木星的独特标志。这是太阳系里最强的风暴气旋，在“大红斑”的上空,有至少1300℃的雷暴在不停地咆哮。

▶宇宙中的草帽美人——土星

正如水星没有水，土星也没有土，主要构成物质是氢和氦。土星的密度比水要小，所以要是有一片足够大的水域，就能让气态的土星漂浮其中。

这个巨大而明亮的光环如同一项美丽的草帽，为土星赢得“草帽美人”的称号。

▶土星光环竟是“近代”产物

土星的光环主要由冰、尘埃和石块构成，宽达20万千米，可以在上面并列排下十多个地球。而土星光环及冰质卫星，并不是和土星一样有40多亿岁，或许是在1亿年前才出现的“装饰品”，甚至比许多恐龙兴盛的年代还要更晚。

这是由于相邻卫星的轨道发生交叉改变，卫星间发生了碰撞，从碰撞之后的“瓦砾堆”中，诞生了现在的这些卫星和光环。

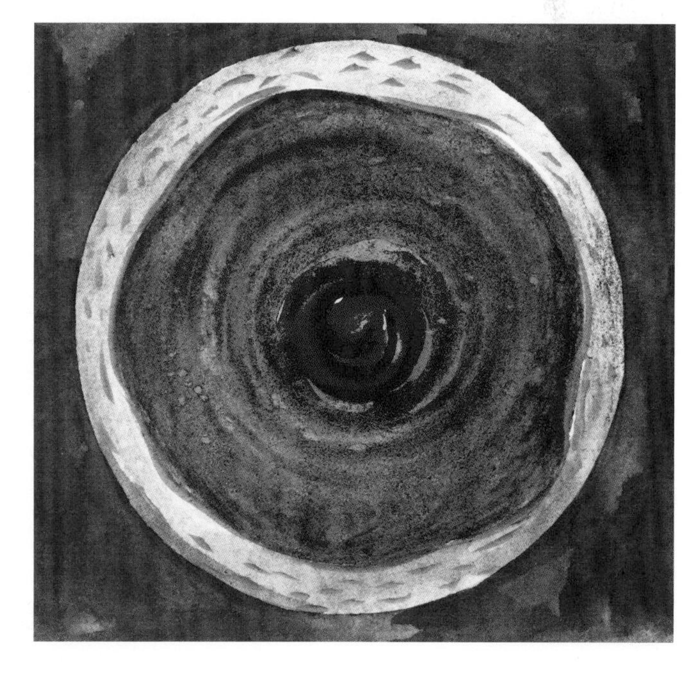

▶独一无二的“六角云”

土星的正北极旋转着一个巨大的六角形云，云层的直径居然达到地球直径的4倍。奇妙的是，这个云层会随土星的自转而一同旋转。科学家们猜想，这是土星复杂的大气运动造成的。

“躺着”打滚的冰巨人——天王星

天王星是太阳系中唯一缺乏内部能量的行星，内部由岩石和冰组成，这使它成为八大行星中的“冰巨人”，最低温度为-224℃。它的大气可能是由无数的彗星聚合而成的，主要成分是氢和氦。

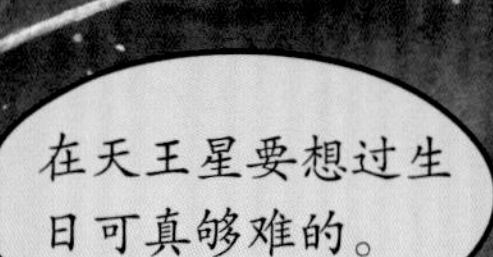

与其他行星不同，天王星几乎是横躺着围绕太阳公转，这使得它的四季和昼夜都变得复杂起来。人们推测，这是由于很久以前天王星与一个巨大的天体相撞，从此就“一倒不起”。

在天王星很难过生日

天王星绕太阳公转一圈是84地球年，也就是说，天王星的1年相当于地球的84年。如果在天王星生活1年，我们人类几乎就过完了一生。

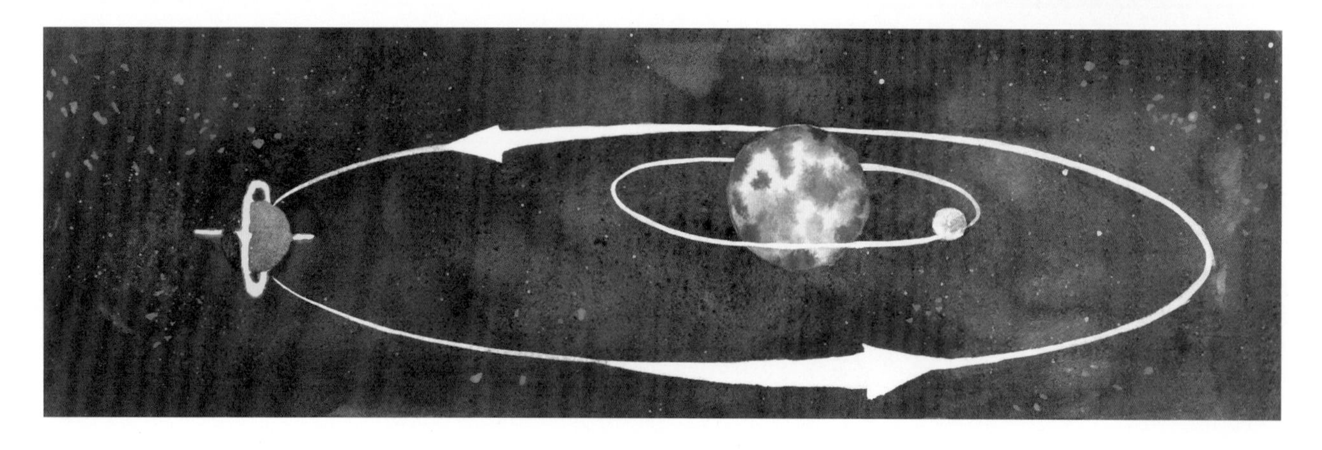

▶盛产钻石的“宇宙富翁”

海王星是一颗冰冷的行星，上面连一滴水都没有，但它却存在着巨大的钻石海洋。星球巨大的压力和高温环境，使钻石由固态转化为液态，分布在星球表面，这里还有太阳系中最快的风暴，风速可达每小时2 400千米。

海王星“冰冷的外表下有颗火热的心”，表面温度非常低，但内核温度高达 7 000℃。

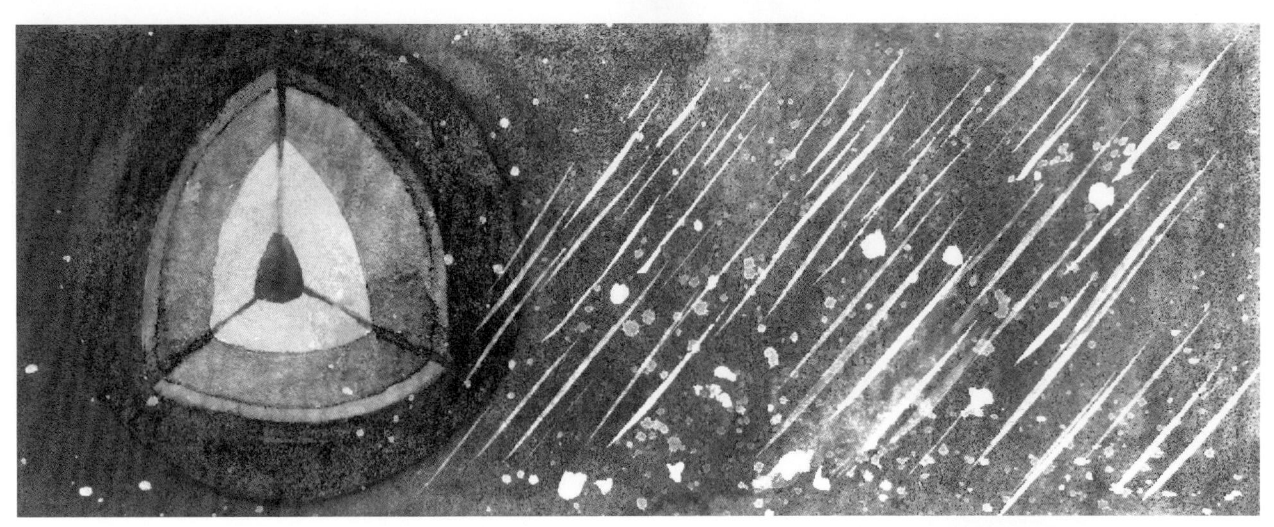

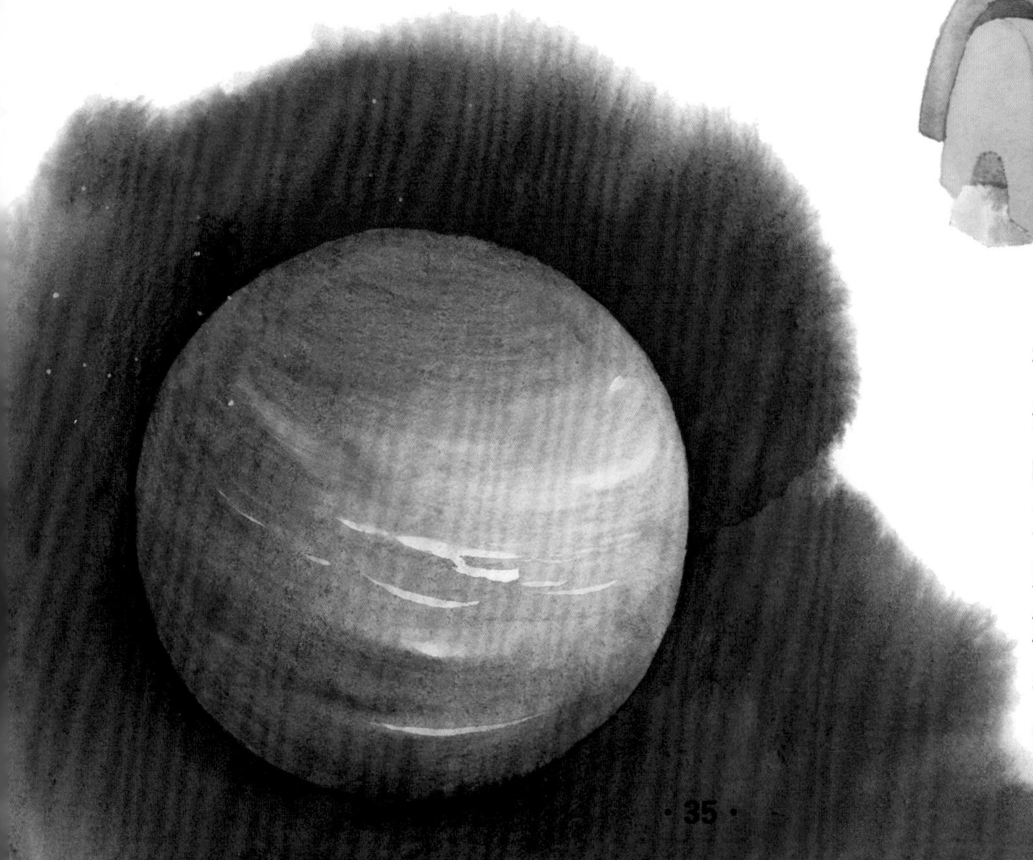

这个蓝色星球拥有 6 个又窄又暗的拱形光环，是由粉末状的冰粒子构成的。星球表面分布着一些黑斑，那其实是风暴气旋，而位于海王星南半球的大黑斑，直径约有地球那么大。

第3节 燃烧宇宙的炽热火球——恒星

▶ 恒星才是伟大的“造物主”

恒星主要由氢和氦两种元素构成，一生都在发热发亮。它通过核心的氢氦核聚变反应向宇宙空间释放巨大的能量，大多数质量较大的恒星在毁灭关头也会以惊人的爆发来结束生命，然后向宇宙释放出构成生命物质的重原子。

宇宙中的恒星比地球海滩上的沙子还要多，仅银河系就有1 500亿～2 000亿颗。

扫码领取
科学实验室
科学小知识
科学展示圈
每日阅读打卡

闪闪发光全靠“火气”

恒星内部的温度高达1 000万摄氏度，因此里面的物质会发生热核反应。反应过程中，恒星会损失一部分质量，同时释放出巨大的能量。这些能量以辐射的方式从恒星表面发射到宇宙中，使它看上去闪闪发亮。

恒星的色彩和温度有关。发蓝光的恒星温度最高，其次是发白光的恒星和发黄光的恒星，发红光的恒星温度最低。

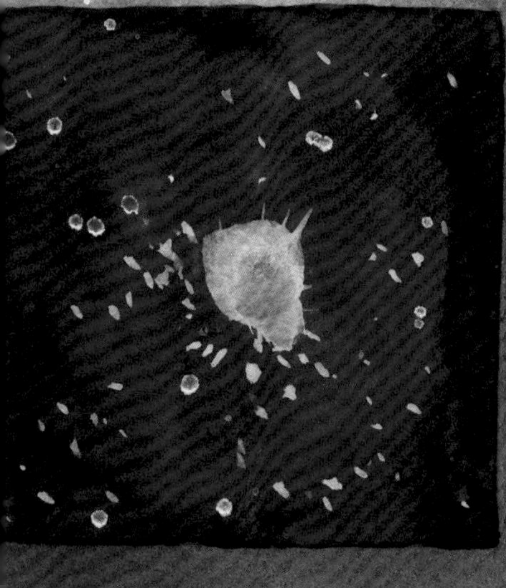

恒星中的闪亮冠军

在夜空中，天狼星是我们肉眼可见的最亮的恒星，它位于大犬座，距离地球8.6光年，亮度为太阳的22倍。在银河系另一边的恒星LBV1806-20比太阳亮500万~4 000万倍，质量至少比太阳重150倍。

▶恒星的一生

恒星也和人类一样有着成长、衰老的过程，但是这个过程非常漫长。恒星的颜色会随着生命的消耗而发生变化。一些天文学家给恒星们画了一张“命运图”。

▶恒星宝宝诞生记——诞生期

在星云密度大的地方，由于引力的作用，星云收缩产生了恒星的雏形——原恒星。原恒星不断地吸收星云中的气体和尘埃，其核心温度也在不断上升，当热核反应被引发，原恒星就会变成真正的恒星。

▶长成一颗大恒星——成长期

恒星的成长期非常漫长，约占据恒星生命90%的时间，这个阶段称为“主星序”阶段。其间，恒星以几乎不变的恒定水平发光发热，消耗体内的氢能，像超级电灯一样照亮周围的宇宙空间。

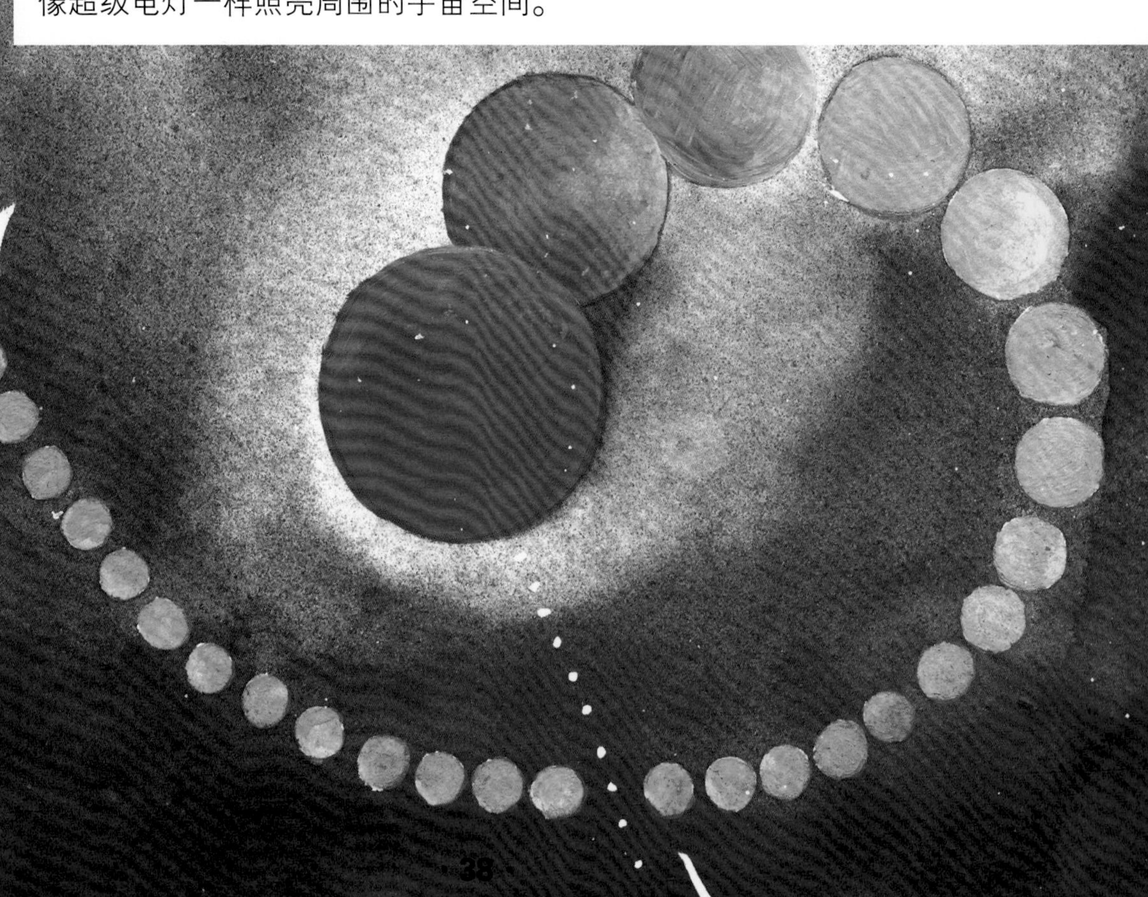

▶ 忙于消耗的中年——中年期

在“大肆挥霍”几百万到几亿年之后，恒星就会消耗完核心中的氢。这时候核心的温度和压力就像形成过程中一样升高，并逐步膨胀成一个超级“大胖子”——红巨星。

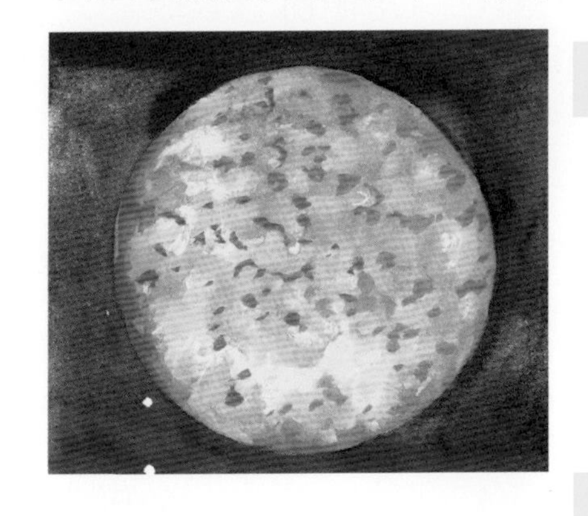

▶ 恒星也会老去——衰退期

恒星会在轰轰烈烈的大爆炸中结束生命，同时，它把自身的大部分物质抛射回太空，成为下一代恒星诞生的原料。而留下的残骸也许是白矮星，也许是中子星，甚至是黑洞。

▶ 体重决定命运

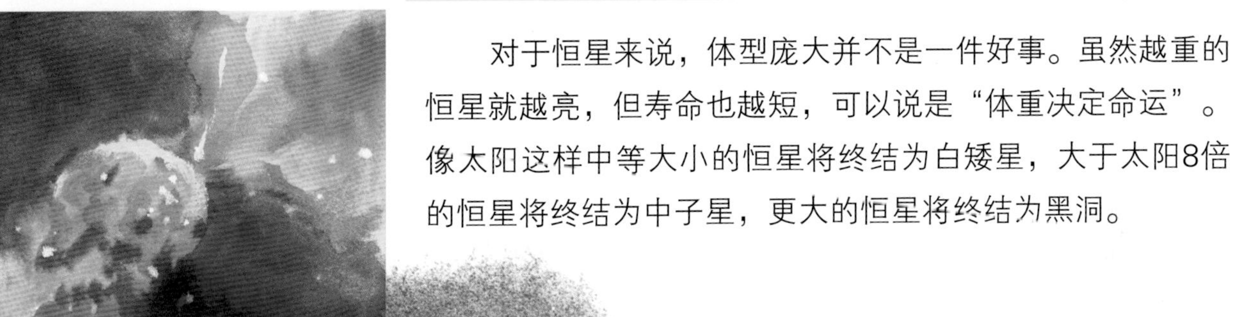

对于恒星来说，体型庞大并不是一件好事。虽然越重的恒星就越亮，但寿命也越短，可以说是“体重决定命运”。像太阳这样中等大小的恒星将终结为白矮星，大于太阳8倍的恒星将终结为中子星，更大的恒星将终结为黑洞。

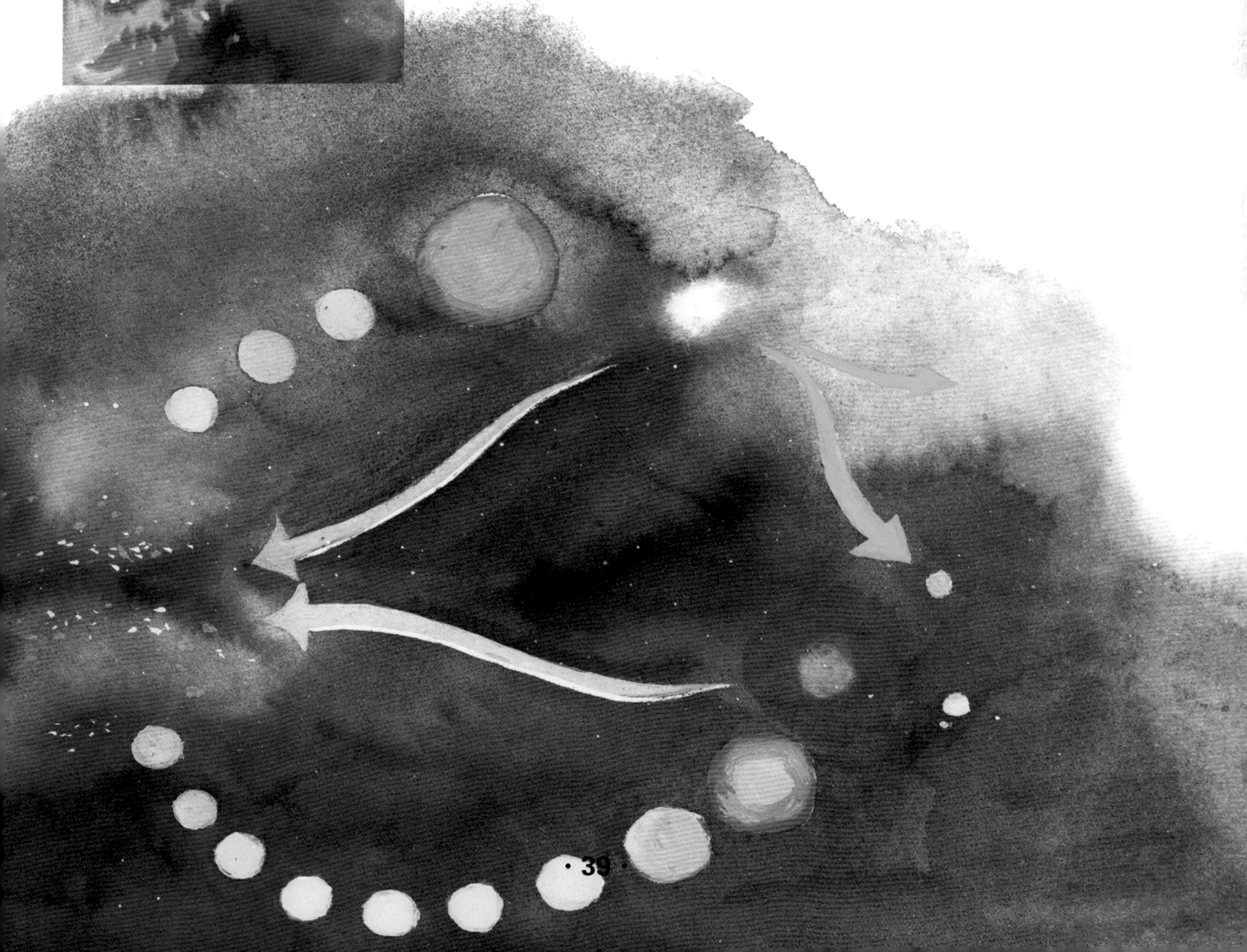

当恒星处于青壮年时期就是“主序星”，比如现在的太阳、牛郎星、织女星等。

虚有其表的“恒星巨人”

当恒星脱离主序星阶段，进入老年期时，将会膨胀成一颗巨星或者超巨星，它们的亮度与体积是恒星中最大的。不过，这些“恒星巨人”密度却小得可怜，与地球大气差不多，只是虚有其表。

恒星的不同时期有着不同特性

宇宙中存在着许多不同种类的恒星，有些处于生命旺盛期，有些处于衰老期，有些正处于爆发期，它们在生命的不同阶段表现出不同的特性。

▶恒星里面的硬“汉子”

质量大于太阳8倍的恒星在生命最后会变成一颗中子星。中子星的直径虽然只有几十千米，但硬度却是钢的100亿倍。一勺的中子星物质，质量会超过整个月球。

▶恒星当中的“冷面杀手”

磁星是中子星的一种，是宇宙中磁性最强的天体。人类一旦靠近磁星1 000千米范围内，就会被其巨大的磁场撕成碎片。

▶你的身上有超新星的物质

质量较大的恒星在死亡时会发生超新星爆炸。对于地球及地球生命来说，超新星爆炸意义非凡，它向宇宙空间释放各种元素，就连构成人体的基本元素和水也是由它提供的。

▶冒充外星人的脉冲星

脉冲星是一种高速自转的中子星，它能发出规律的电磁脉冲信号。当第一颗脉冲星被发现时，天文学家们还以为接收到了外星人发来的信号，于是称它为“小绿人一号”。

中子星的重力非常强，爬高1厘米所需的能量相当于在地球上爬上珠穆朗玛峰。

▶ 开课了，来看看恒星们的座位表

“星座”其实是恒星的集合。从古代起，人们便把天上可见的恒星群描绘成一个个图案，并帮它们取了不同的名字。到了现代，人们以天赤道为分界线，统一把天上的星星划分为88个星座。

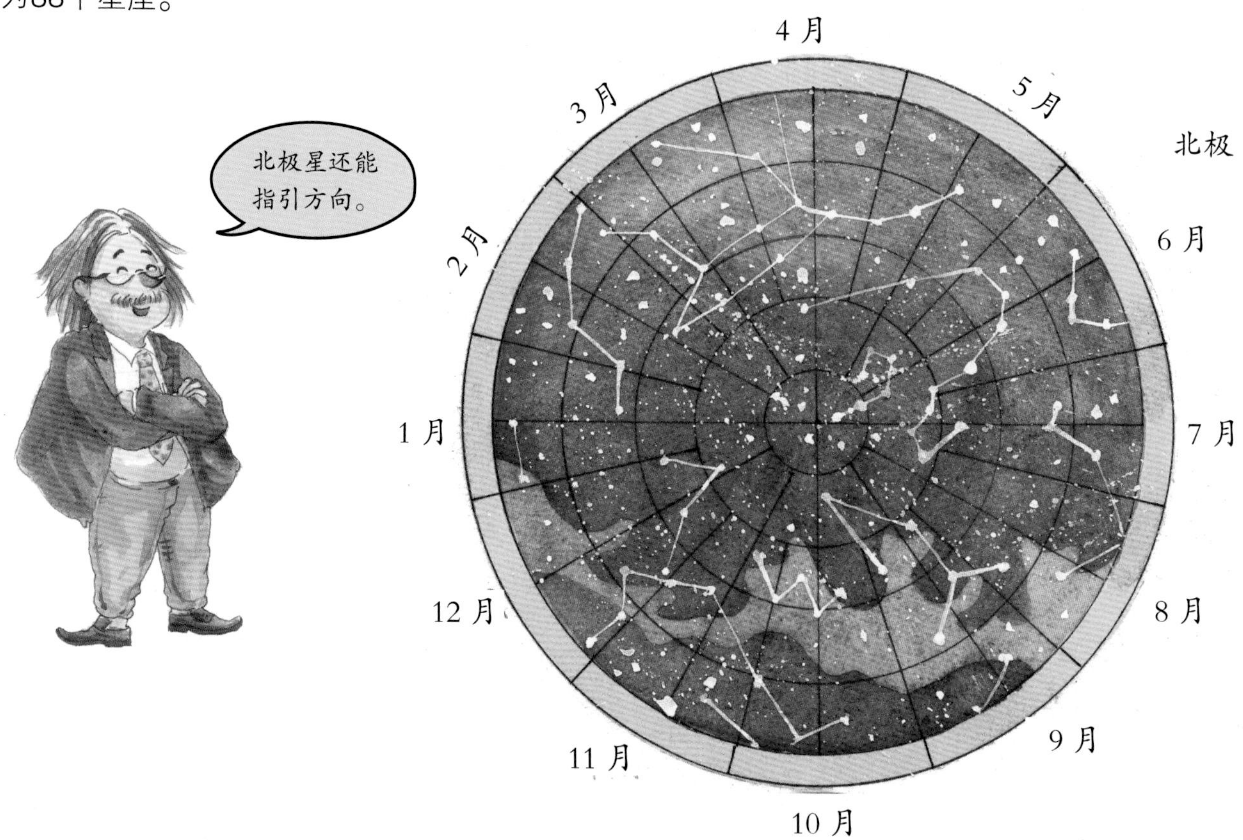

▶ 星座不单是用来区分生日月份的

在钟表没有被发明出来的时候，人们依靠观星来感知时间的流逝，季节的更替。根据星星在天上移动的规律，人们把北斗七星当作时钟，这个巨大的“勺子”每天都在北边的天空自转。

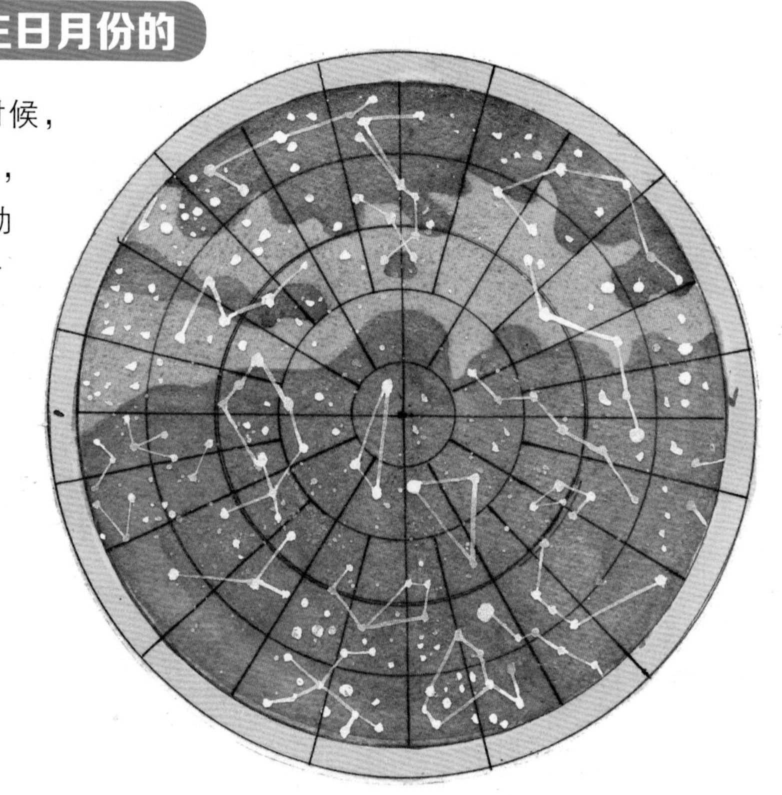

▶ 观星还能检查视力

北斗七星其实应该叫作北斗“八星”，“勺把”上的第二颗星是两颗挨得特别近的星星，只有视力好的人才能看得见。古时候，阿拉伯军队会用这两颗星来检查士兵的视力。

▶ 生日时看不见自己的星座

西方占星学中的十二星座是根据太阳落到星座上的位置来决定的，在你生日那天太阳刚好在自己星座上，强烈的阳光会导致星座在白天看不见，而到了晚上星座则跟随着太阳“下山”去了。如果想观察自己的生日星座，可以在生日的前3～4个月到夜晚天空上寻找。

▶ 其实太阳不是白色的

太阳其实是一个蓝绿色的恒星，它辐射的峰值波长为500纳米，介于光谱中蓝、绿光的过渡区域。但因为它还有其他颜色的光谱，当与绿色混合时，人眼就只能辨别出白色，于是我们看到的太阳是白色的。

我们太阳系的主宰——太阳是一个巨大的火球，它由炽热的气体组成，其中氢占据3/4的比例，剩下的几乎都是氦。

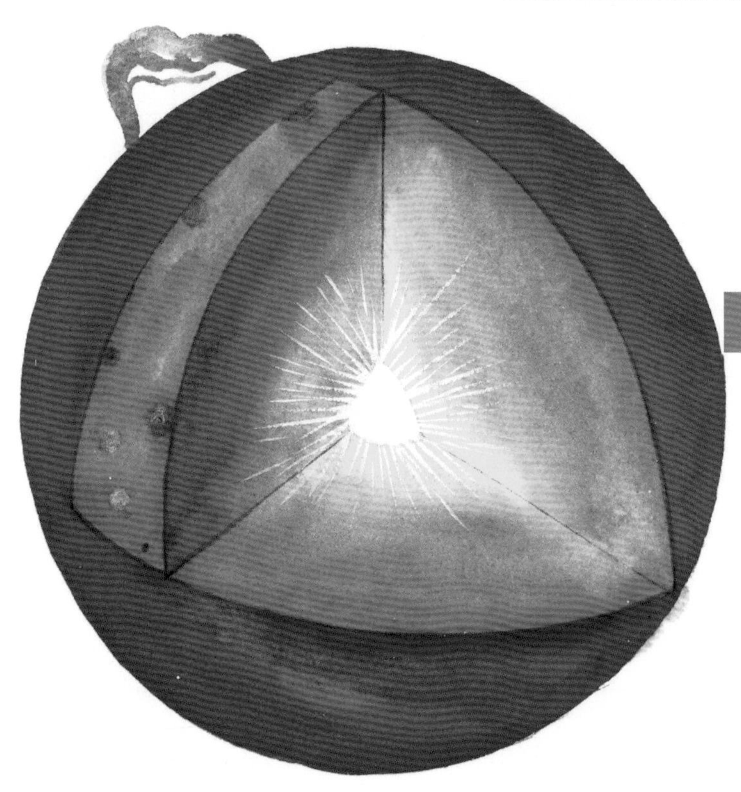

▶ 绝对无法被浇灭的太阳

太阳中的氢原子与氢原子不断相撞，散发的光和热照亮太阳系，这种核聚变的释放能量方式和燃烧是截然不同的。所以，哪怕你提来太阳体积几十倍的水，也无法熄灭它。

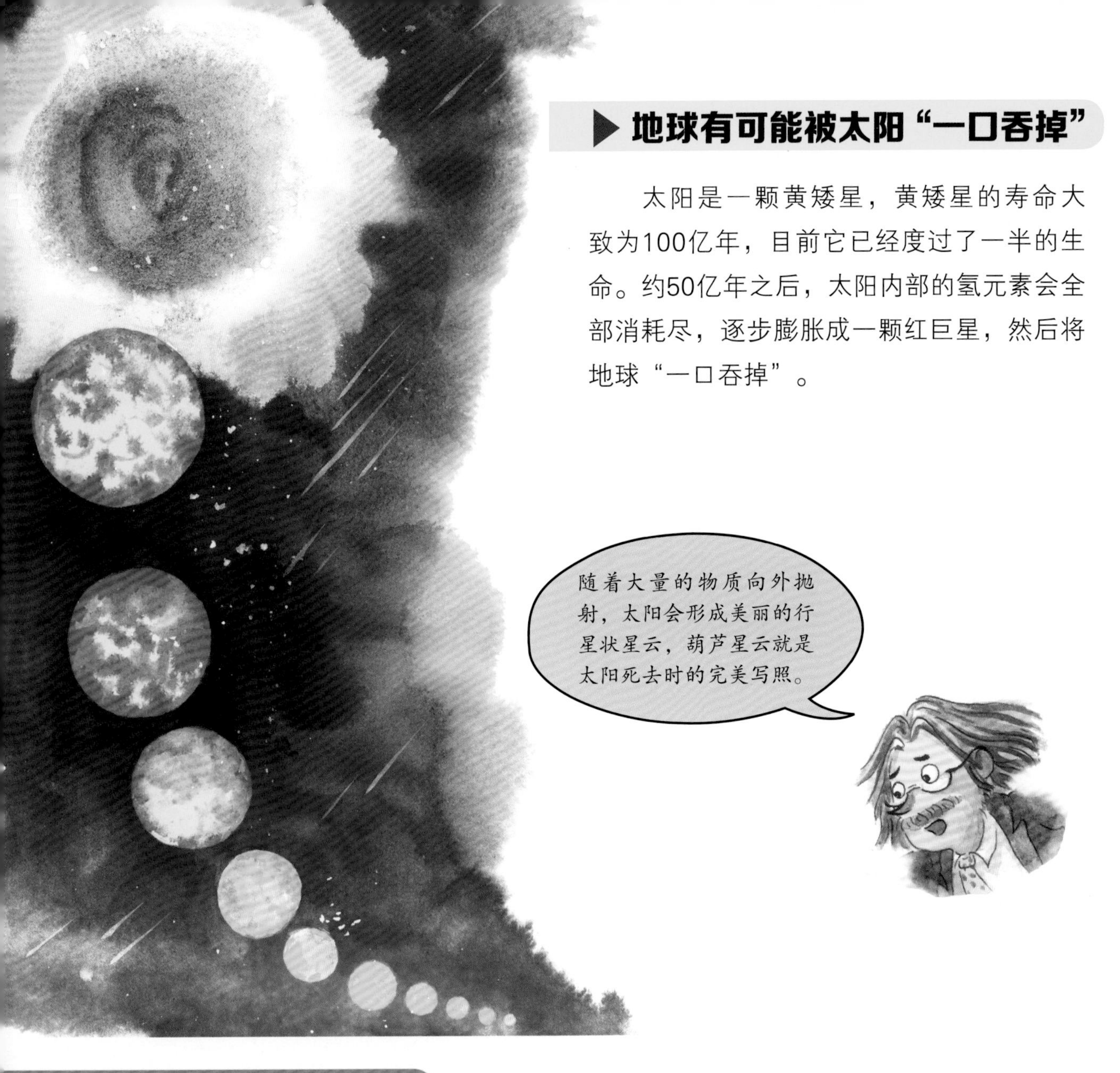

随着大量的物质向外抛射，太阳会形成美丽的行星状星云，葫芦星云就是太阳死去时的完美写照。

地球有可能被太阳“一口吞掉”

太阳是一颗黄矮星，黄矮星的寿命大致为100亿年，目前它已经度过了一半的生命。约50亿年之后，太阳内部的氢元素会全部消耗尽，逐步膨胀成一颗红巨星，然后将地球“一口吞掉”。

太阳养着我们全人类

太阳内部产生的能量要经过5 000万年才能到达太阳表面,太阳光线来到地球需要8分钟，而它1分钟释放的能量就能满足地球上所有生物1 000年的需要。

第4节 宇宙大家庭的其他成员

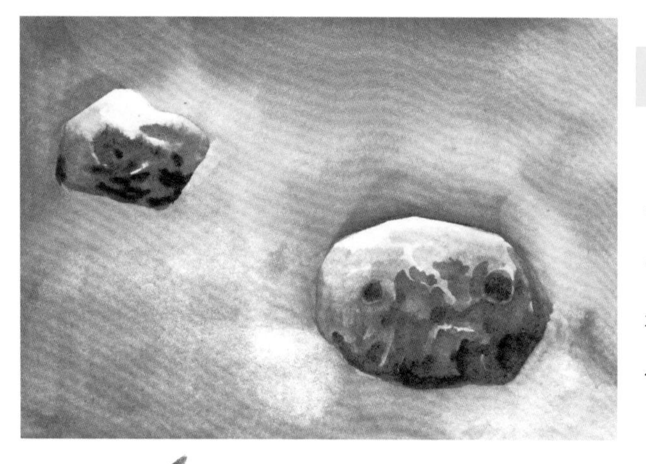

“游手好闲”的星际“流浪汉”

宇宙里有名的“流浪汉”就是小行星，它们都是一些裸露的岩石，最大的长度约为1 000千米，体积和质量都比行星小很多。小行星是太阳系形成过程中的残留物质，数目估计有数百万之多。

太阳系中大部分小行星分布在火星和木星之间，称为“小行星带”，它们的总质量比月球要小，就像太阳系中的垃圾堆。海王星之外也分布有小行星，这片地带称为“柯伊伯带”。

也许有朝一日，人类制造的“太空垃圾”也会变为新的行星。

有些小行星长得像一颗大土豆。

小行星无事可做，每天就在宇宙里晃荡。

▶ 行星里的“小矮人”

矮行星是行星中的“小矮人”，它的体积介于行星和小行星之间，围绕恒星运转，但没有清空轨道上的天体。太阳系中的五位矮行星分别是：冥王星、谷神星、妊神星、鸟神星和阋神星。

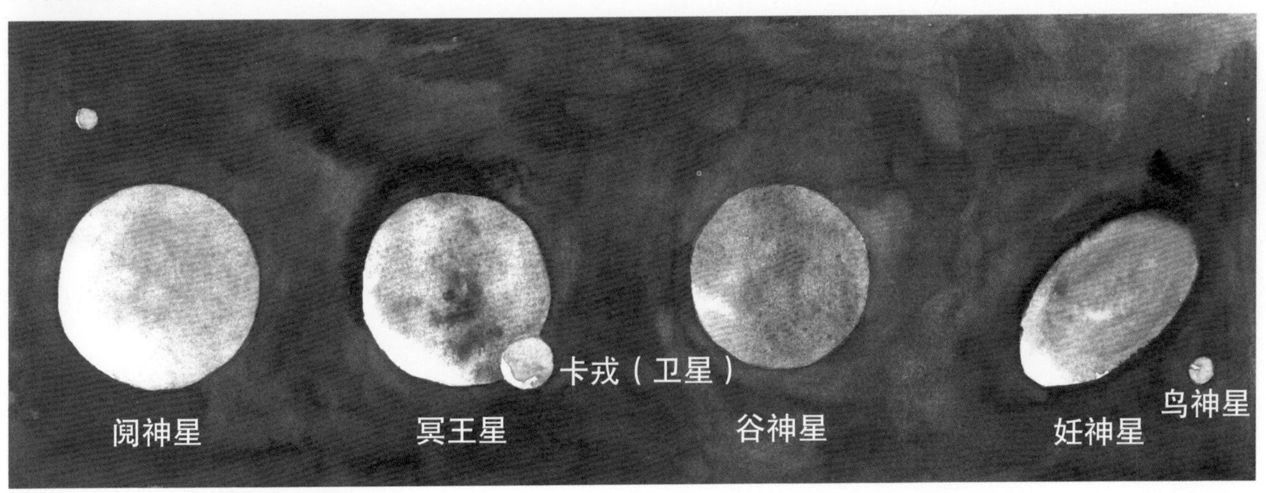

▶ 被降级的冥王星

冥王星最初被认为是行星，但后来人们发现它的公转区域越过海王星轨道并明显受其干扰，于是就把它从行星中除名，降级到矮行星。冥王星主要由岩石和冰组成，是一个冰冻而黑暗的世界，即使在夏天，温度也仅有–230℃。

▶ 冥王星有个“双胞胎弟弟”

卡戎星一直被认为是冥王星的卫星，不过后来人们发现它其实与冥王星构成了双行星系统，同步围绕太阳旋转。有专家推测，远古时冥王星与一颗庞大天体发生了碰撞，导致一大块碎片从中分离出来，最后形成了“卡戎”。

去观光的话最好带上手电筒。
冥王星是个极寒又漆黑的星球。

“脏雪球”的长尾巴

天文学家们把彗星描述为“脏雪球”，因为它们主要由水冰构成，里面还夹杂着许多尘埃和气体。一旦它们进入距离太阳约4.5亿千米的范围内，彗核的表面物质就会受热汽化，形成一条长尾巴。

彗星的水冰能充当太空饮料吗？
如果你能喝下石头一样的水的话——这种水冰比地球上的岩石还要坚硬。

彗星在太阳光照射下源源不断地散发出气体和尘埃，其中约 80% 是水分子，运动到近阳点时，水的蒸发量极剧增大。重复数千年之后，它就会被太阳炙烤得干干净净。

哈雷彗星送给人类的雕刻鸡蛋

著名的哈雷彗星每76年就会造访地球一次，据传说在这个时候，地球上会有一只母鸡生下一只神奇的哈雷彗星蛋，鸡蛋上必然布满了擦不掉的星辰花纹，就像雕刻上去的一样。科学家猜测，这种神奇的现象也许和生物进化相关。

▶ 以极限燃烧为乐趣的天外访客——火流星

火流星看上去非常明亮，像条闪闪发光的巨大火龙，并且发出“沙沙”的响声，有时还有爆炸声，甚至在白天也能看到。火流星消失后会留下云雾状的长带，称为“流星余迹”，有些余迹消失得很快，有的长达几十分钟。

▶ 流星竟然会“开花”

流星不是地球的专属访客，它们也会光顾其他星球。在大气稀薄的火星上，流星不会燃烧殆尽，而是会“开出”奇异的“流星花”。在完全没有大气层的月球，流星会粗暴地直接撞向地表，产生强烈的闪光，有时甚至在地球上都能看见。

每天都有5万吨流星落入地球，不过大部分在大气层就已燃尽。

▶ 行星的“铁杆小跟班”——卫星

正如太阳有八大行星忠心相伴一样，不少行星也有自己的“铁杆小跟班”——卫星。在太阳系里，除水星和金星外，其他行星都有卫星。木星是当中的“卫星大户”，卫星数量达到67颗。

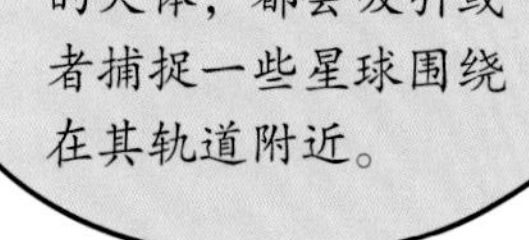

几乎每一个质量较大的天体，都会吸引或者捕捉一些星球围绕在其轨道附近。

土卫七

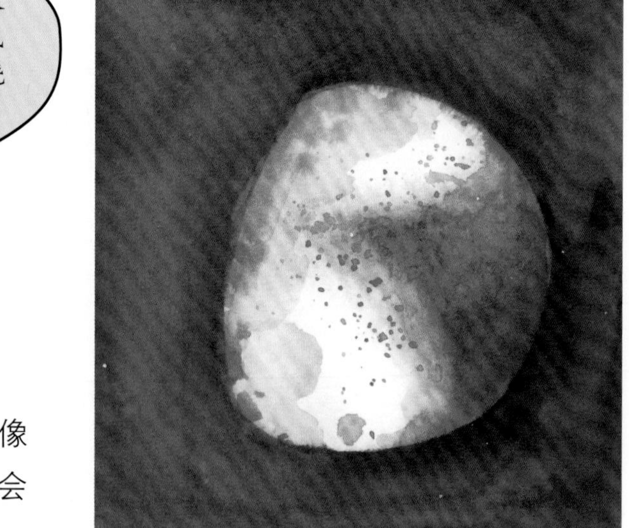

土卫八

▶ 海绵宝宝——土卫七

土卫七像是一颗大星体的碎片，表面就像海绵。它是太阳系中已知星体中唯一一个自转会混沌的天体。

▶ 木卫八和太极图有什么关系吗

土卫八长着一张“阴阳”脸——一半黑，一半白，像太极图一样，它的两极扁平、两侧被压扁，一座山脉贯穿半条赤道，看上去就像一个核桃。

▶ 悄悄逃跑的“窃贼”——月球

月球距离地球38.4万千米，是地球唯一的卫星。每一年，月球都从地球上吸取一点自转能量，使自己在轨道上向外偏离3.8厘米。

这可比我们认为的远多了。

月球到地球的距离，能塞下太阳系的另外7颗行星。

▶ 月球是碰撞出来的

45亿年前，一颗较大的原行星与年轻的地球相撞，撞击抛射出的物质最终形成了月球。这场远古大灾难其实是一件好事，因为月球帮助地球稳定了自转轴的倾角，使极端的气候变化不会出现在我们的星球上。

第5节 众星云集的闪亮岛屿——星系

姿态各异的星球之家

星球们各有各的家，它们的家就是星系。星系是组成浩瀚宇宙的小单位，包括了一片区域内的所有恒星、行星、星际物质等。到目前为止，人们已在宇宙中观测到了约1 000亿个星系。

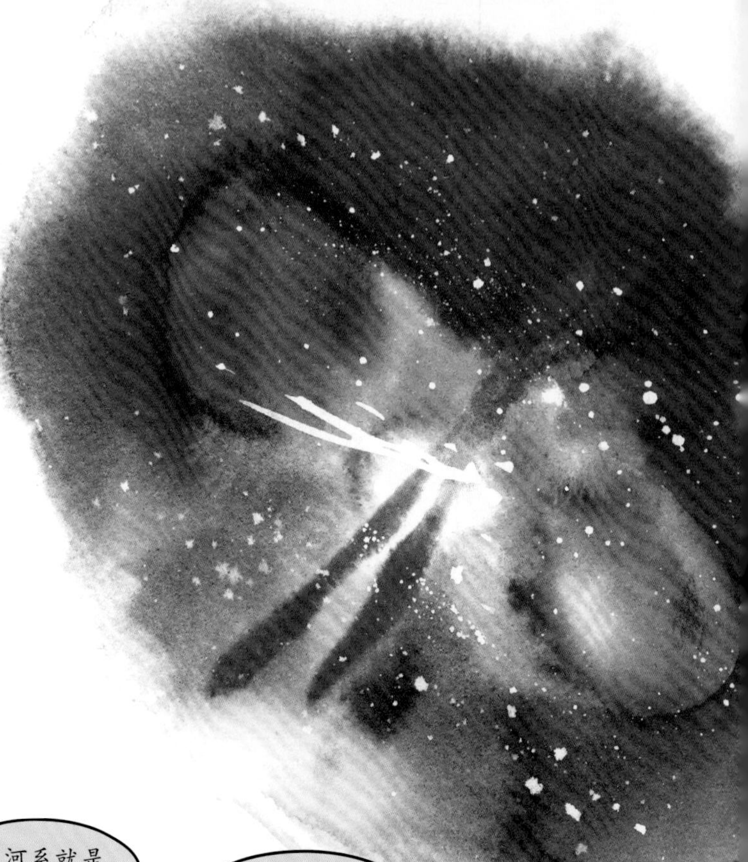

光芒万丈的活动星系

宇宙中有一种奇特的星系叫“活动星系”，它在宇宙中闪耀着炫目的光辉，发出超强的光和电磁波。几乎所有活动星系的核球都藏着活跃的黑洞，这是普通星系没有的。

银河系就是我们的家。
椭圆星系就像一个煎鸡蛋，内黄外白。

长得像煎鸡蛋的星系

宇宙中的大多数星系都属于椭圆星系。这种星系通常是正圆形或椭圆形的，中心亮、外缘暗，看起来是黄色或红色。当中的恒星大多都已进入老年期，但偶尔也会有新生的恒星加入。

我们的银河系是
一个棒旋星系，
它拥有4条旋臂。

▶分清旋涡与棒旋靠数“手臂”

旋涡星系就像一个巨大的旋涡，中心有一个较圆的核心，从核心处延伸出两条或多条旋臂。大多数旋涡系有2条旋臂，3条以上的比较少。而棒旋星系的中心是凸起的，拥有的旋臂比较多。

▶长得像放大镜的星系

透镜星系的中心大而膨起，从侧面看就像是凸透镜一样，但它却没有放大的功能。这种星系是介于椭圆星系和螺旋星系的中间形态，很难产生新星。

宇宙的生存法则比你想象得更残酷

宇宙大爆炸产生了星系，它们像野兽一样靠吞噬与合并来成长。大质量的星系会吞噬许多小星系壮大自己。还有一些星系会用引力吸引其他星系，相互碰撞合并，最终形成一个新的星系。

星系的超能力是“无限复活”

星系需要氢等冷气体才能生成新恒星，如果失去这些物质，该星系会被认定为“死亡”。让垂死星系无限复活的方法是合并其他星系，以获得恒星、气体和尘埃，这样星系的寿命才能延长。

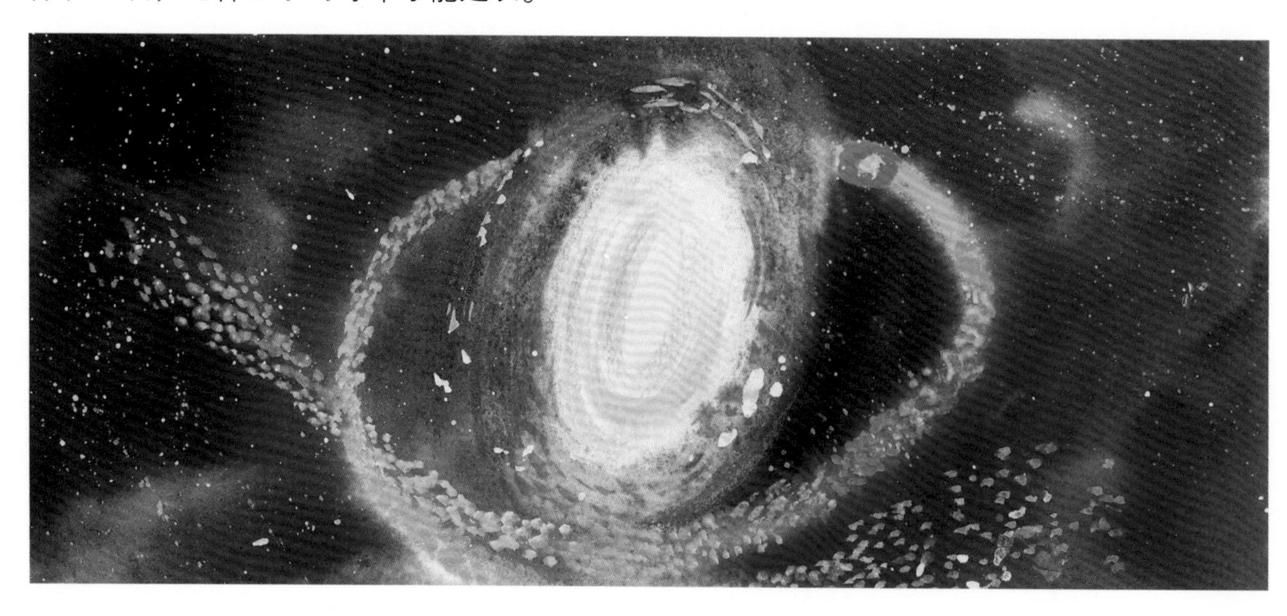

▶ 拥挤的宇宙集市——星系团

虽然宇宙无限广阔，但星系团之间其实非常拥挤，像一个挤满了星星的集市。有些星系的间距仅有自身直径的10～20倍，紧密的距离让星系容易碰撞，合并成一个更大的星系团。

比星系团更高级的是超星系团，它由多个星系团组成。

▶ “离家出走”的叛逆恒星

在同一片星云诞生的恒星，会因为较强引力组成疏散星团。但随着时间推移，某些恒星会渐渐分离出去，比如太阳就是从某个星团中“离家出走”的。

▶ 宇宙就像蜘蛛网

星系组成星系团，星系团又组成更庞大的超级宇宙系统——超星系团。就这样，1 000亿个星系盘结成像蛛网一样的星系带，构成整个宇宙。

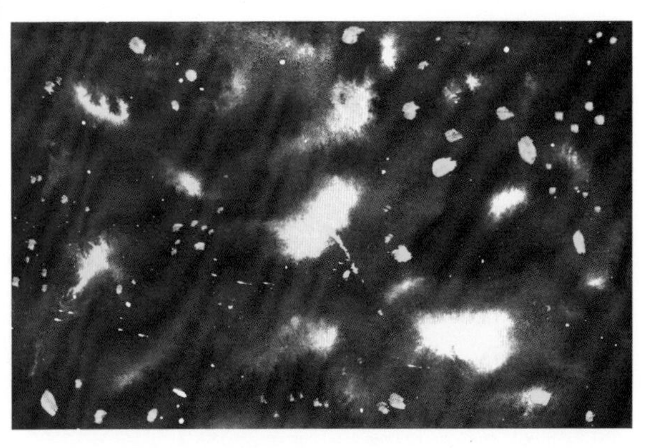

▶银河系外面裹了一层毯子

我们的银河系由约2 000亿颗恒星和各种天体组成，直径为16万光年。它从外围伸出四条巨大的旋臂，如同风车般不停地旋转。银河系还被一个巨大的超炽热气体云包裹着，像是盖了一条光环毯子。

▶银河系也要“吃饭”

银河系由多个星系组合而成，它会持续“掠夺”外星系物质来壮大自己。银河系的长期“食粮”是邻近的人马座矮椭球星系。凭借强大的引力，经过近20亿年的“细吞慢嚼”，人马座矮椭球星系几乎被吃得一点不剩。

▶ 银河系的死亡倒计时

银河系已有136亿岁了，恒星的寿命通常都在90亿~100亿年，银河系已经差不多把氢气全部用光了，恒星的形成会慢慢地停止，很快就会进入死亡倒计时。

幸好周边有“救生员”人马座矮椭球星系以及仙女座星系。科学家预测，它们会慢慢与银河系碰撞合并，我们的星系将会存在得更长久。

▶ 河外星系——宇宙海洋中的岛屿

在宇宙中存在着数以亿计的星系,银河系以外的星系被称为“河外星系”，其中最接近银河系的邻居有三位，分别是仙女座星系和大、小麦哲伦星系。

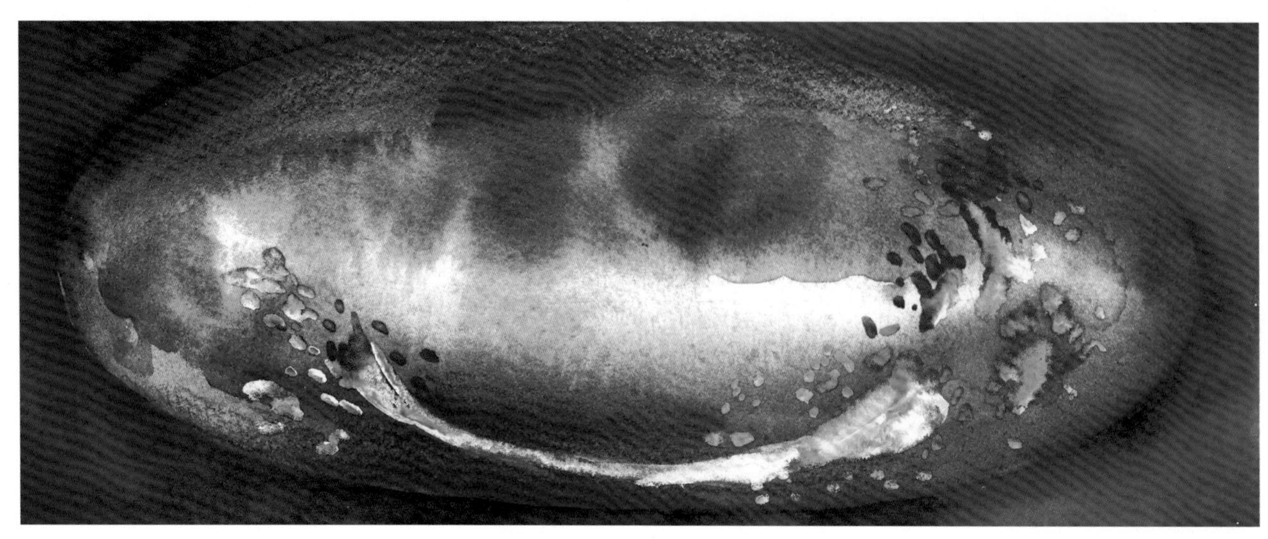

大麦哲伦星系和小麦哲伦星系

大麦哲伦星系距离地球约 16 万光年，小麦哲伦星系距离地球约 21 万光年。这两个矮星系就像银河系的小跟班，被银河系牵引着旋转。

这三个星系都是在地球上肉眼可见的星系。

▶ 扭曲银河系的坏邻居

从侧面看，银河系并不是一个平整的盘状，而是弯曲的。这是由于它的两个小伙伴——大、小麦哲伦星系不停地拉扯银河系中的暗物质，使银河系变“弯”了。

仙女座星系

▶ 它的个头可不小

仙女座星系与银河系共同主宰着本星系群，是距离银河系最近的大星系之一。这个星系大小为银河系的2.5倍，拥有1万亿颗以上的恒星。

草帽星系

▶谁把“草帽”丢到了宇宙中

草帽星系位于室女座，离地球约2 800万光年，约为银河系的10倍大。这个奇特的星系中间膨胀，外围是一层尘埃带，像极了人们戴的阔边草帽。科学家们推测，草帽星系的正中央存在着一个大型黑洞。

▶游弋于宇宙海洋中的巨型蝌蚪

蝌蚪星系距离地球约4.2亿光年，拖着一条长28万光年的大尾巴，就像一只游弋于宇宙中的蝌蚪。由于蝌蚪星系与另一大型星系相互靠近，恒星、气体及尘埃被巨大的引力拖拽而出，最终形成了这条壮丽的尾巴。

蝌蚪星系

▶宇宙中也有海豚与蛋

海豚星系看上去就像一条海豚，当然有些人觉得它看上去更像是一只企鹅在保护一颗蛋。实际上，这是两个星系组合而成的星系。“海豚”是星系NG 2936的一部分，而“蛋”的部分则被称为“阿尔普142”。大约在1亿年前，“海豚”和“蛋”合并到了一起。

▶太空中的星系大车轮

车轮星系是一个位于玉夫座的透镜状星系，距离地球约5亿光年，就像宇宙中一个旋转的特大车轮。数条尘埃气体带从明亮的中心辐射而出，延伸到外围的恒星环。这个车轮的直径长达15万光年，相当于银河系的1.5倍。

车轮星系的形成也是星系相互吞噬的结果，最后会形成一个质量更大的高速旋转的星系核。

最庞大的巨无霸星系

星系IC 1101是已知宇宙中最大的星系，直径约为550万光年，相当于银河系直径的20多倍，中心的黑洞质量超过了100亿颗太阳。这个超级星系位于巨蛇座与室女座交界的位置，距离地球大约10.45亿光年。

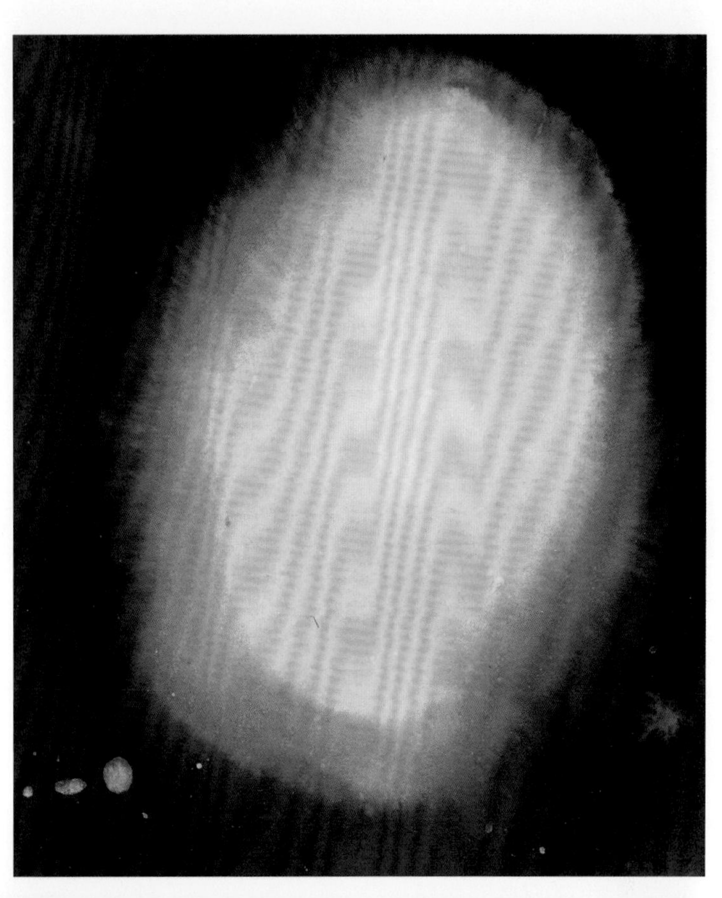

最微小的可爱星系

在银河系中，Segue 2星系是目前已知的最小星系，它仅由1 000颗恒星组成，依靠一小团暗物质束缚在一起。这些恒星围绕着联合质心运行，运行速度只有15千米/秒，比地球的公转速度还慢。

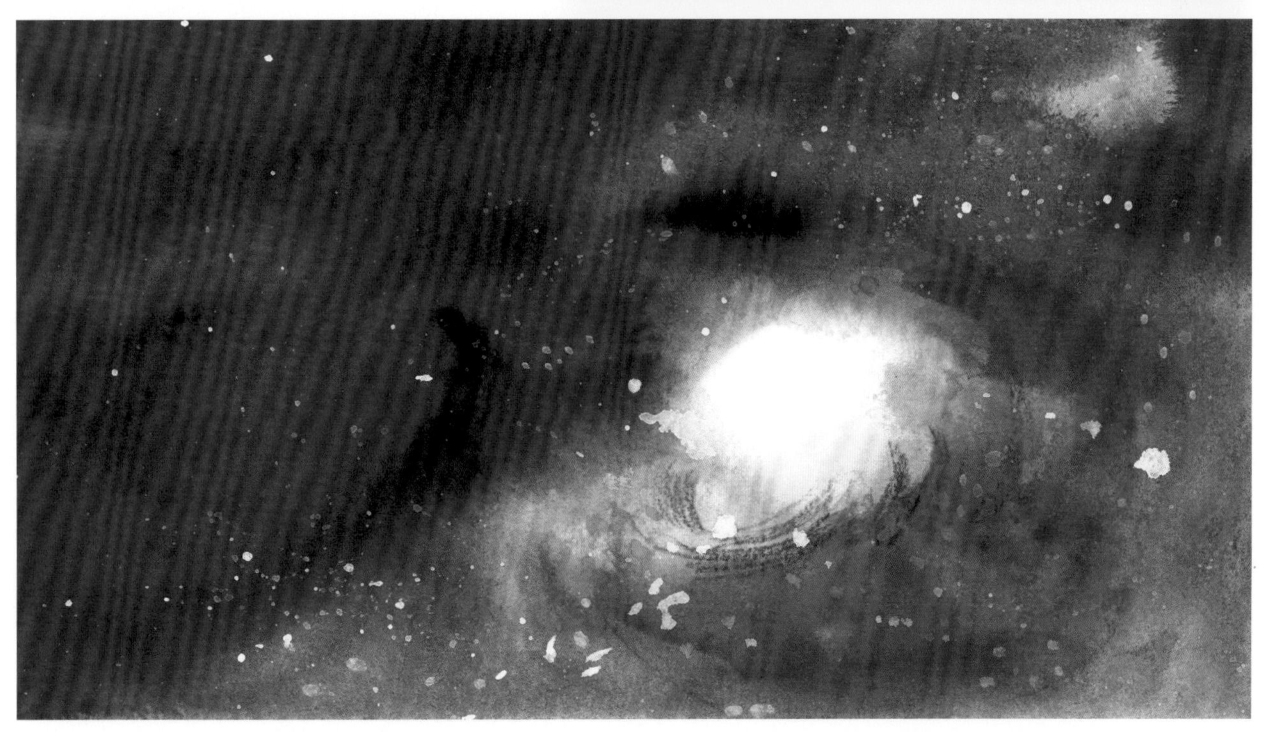

第6节 在宇宙中舞蹈的璀璨星云

星云居然不是云

宇宙里存在着星际气体、尘埃和粒子流等“星际物质”。在引力作用下，这些物质在宇宙空间的分布并不均匀，某些地方的气体和尘埃可能相互吸引而密集起来，形成云雾状的“星云”。

别看星云都是微小的尘埃和气体，但质量非常惊人。一个普通星云的质量相当于上千个太阳。

星云有着斑斓的颜色，这和它附近的恒星有关。红色的星云是受到恒星的紫外线照射，星云内的氢气产生电离；某些星云依靠反射附近恒星的光线而发光，通常呈蓝色；如果星云附近没有亮星，则会暗淡无光。

穿越星云是什么感觉

太阳其实就穿行在一个星际云团内，这团星云大小约30光年，是由天蝎半人马星协恒星形成区涌出而形成的。太阳系在数万年前进入其中，并且还会继续在里面运行1万~2万年，甚至更久。

把原子组合拆
散再组合，就
成了新的宇宙。

星星出生在这里

星云是孕育恒星的“加工厂”，在这个区域形成的大量物质拥有巨大的质量，这些质量渐渐聚集成恒星，剩余的“边角料”就会变成行星或是其他星体。比如老鹰星云中最著名的“创生之柱”，里面就孕育着新的恒星。

生生不息的“血缘关系”

星云和恒星可以互相转化，所以它们其实是有“血缘”关系的。星云物质在引力作用下压缩成为恒星，当恒星发生爆炸时，散开的气体物质会形成星云的一部分。它们就在广袤的宇宙中不断地轮回。

▶ 多姿多彩的弥漫星云

弥漫星云就像空中的云彩散漫无形，常常呈现为不规则的形状，直径在几十光年左右。弥漫星云通常集中在一颗或几颗亮星周围，而这些亮星都是形成不久的年轻恒星。

看！这个像一匹骏马，那个像一艘宇宙飞船……
宇宙中的星云是多种多样的。

马头星云位于猎户座，距地球约 1500 光年，是一个黑暗的气体灰尘云，其质量是地球的 100 万倍。

▶ 在宇宙中吐烟圈的星云

行星状星云的样子有点像吐出的烟圈，边缘是略带绿色的圆面，中心地带往往有一颗很亮的恒星在喷洒物质。它的形状酷似一些大行星，所以得到了这个名字。这种星云的体积在不断膨胀，通常会在数万年之内逐渐消失。

天琴座环状星云距地球约2 000光年，是6 000 ~ 8 000年前的恒星爆发而形成的。

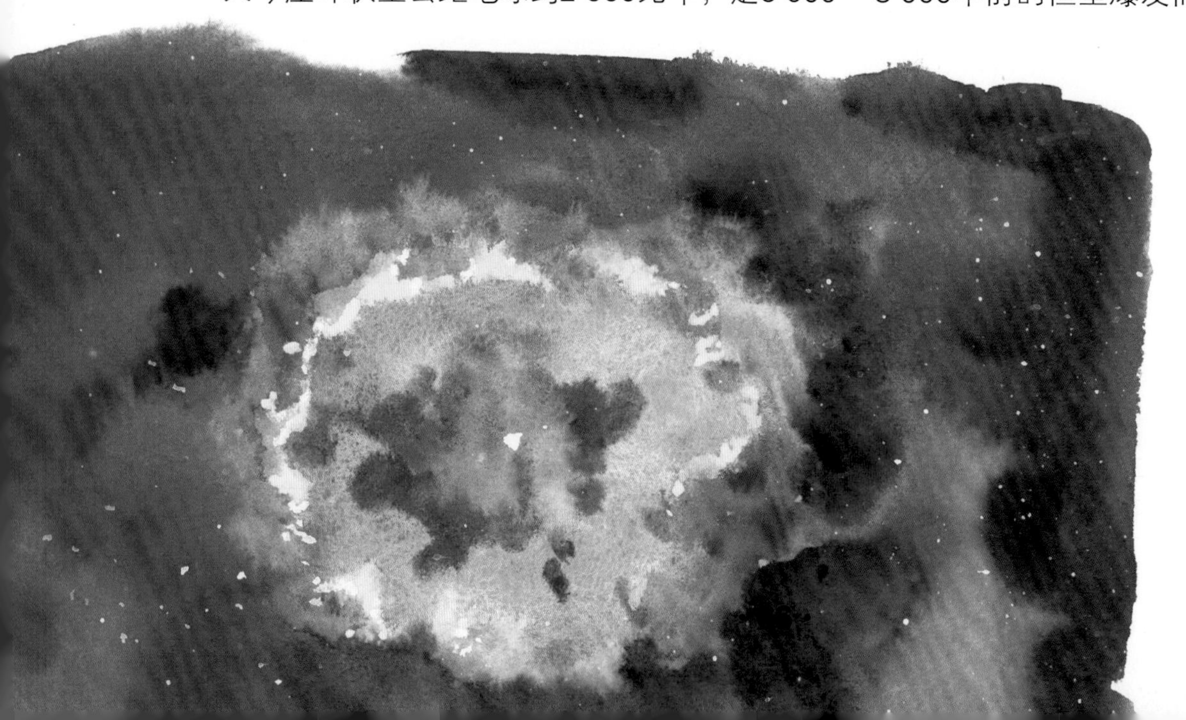

▶ 蹁跹的太空蝴蝶——双极星云

双极星云形状类似沙漏或蝴蝶，像幽灵般围绕在恒星周围。由于中心的气体盘面有两颗互相绕转的恒星即将死亡，向外抛出大量灼热的气体，由此形成了非常对称的、类似蝴蝶翅膀的双极结构。

▶ 盛放在宇宙的玫瑰星云

玫瑰星云距离地球约5200光年,位于麒麟座边缘。其实这是个星云的集合体，而且其中还包含一个星系团。中央星团里炽热的新生恒星产生星风和辐射，将附近残余的云气吹散掉，造就了这朵奇特的“宇宙玫瑰”。

第7节 在茫茫宇宙中寻找生命家园

▶测量宇宙距离的单位是光年

只有搞懂宇宙距离，才能更好地观星。一般用来计算宇宙距离的计量单位是“光年（ly）”，这表示光在真空中一年内走过的距离。光速约为每秒30万千米，因此1光年约为94 605亿千米。

对于太阳系外的遥远天体，需要用更高级、更复杂的测量方法，比如星团移动法、哈勃定律和造父变星法等。

▶三角视差测量法

在太阳系内的天体，通常采用三角视差法来测量它们的距离。对同一个物体，分别在两个地点用望远镜观测，视线与地点会正好成为一个等腰三角形，然后科学家会利用三角形顶角的大小去计算高度，这个结果就是天体和观察者的距离了。

▶ 奇形怪状的望远镜们

用于观测宇宙的仪器还有许多，这取决于观察对象是谁。例如有用于收集可见光线的光学望远镜，接收天体红外辐射的红外望远镜，以及接收来自天体射电波的射电望远镜等。

▶ 无法直接用眼看的望远镜

宇宙中的星星不仅会发光，还会发出肉眼看不见的电磁波与粒子。射电望远镜与×射线太空望远镜就是专门接收这些电磁波和射线粒子的。它们对研究宇宙气体、微波激光以及脉冲星起到巨大的作用。

要说观测宇宙的第一功臣，必然是哈勃空间望远镜了！
真不可思议，这种大锅盖居然是用来观测宇宙的。

▶ 远古时代的疯狂观星

在世界各地都有和天文有关的古迹，比如在遥远的古埃及和印加。当时的天文观测技术已经相当发达，最能体现这一点的就是闻名于世的金字塔。考古学家研究过，金字塔有可能是古人朝拜宇宙的建筑，其中蕴含了大量的天文知识。

烂石头也是天文台

谁能想到位于英格兰南部的巨石阵也是一个古老的观星台呢？巨石阵建于公元前2 800年~公元前1 100年，据推测是用来朝拜、观测太阳的。它的主轴线、通往石柱的古道，都和夏至日早晨初升的太阳排列在同一条线上。

还有玛雅文明的遗迹——墨西哥库库尔坎金字塔，春分时太阳照射台阶，会投射出类似羽蛇神的影子。

▶ 地球的“双胞胎”在哪里

天文学家们估计，在我们所处的银河系存在许多宜居的、与地球同规格的星球。它们处于适居行星带或宜居带，有液态水存在于行星表面，有能够屏蔽宇宙射线的大气层，使生命能够繁盛。

据说火星移民计划已经开始准备了。要是计划成功，那就可以成为外星人了。
当地球变得不宜居住时，这些星球或许就会成为我们的第二个家。

▶ 宇宙中的候选星球

火星是太阳系中最像地球的一颗行星，那里存在生命的可能性非常大，因为科学家们在火星大气中找到了甲烷，并且发现了液态水的迹象。正因如此，火星载人登陆计划将在几十年后启动。

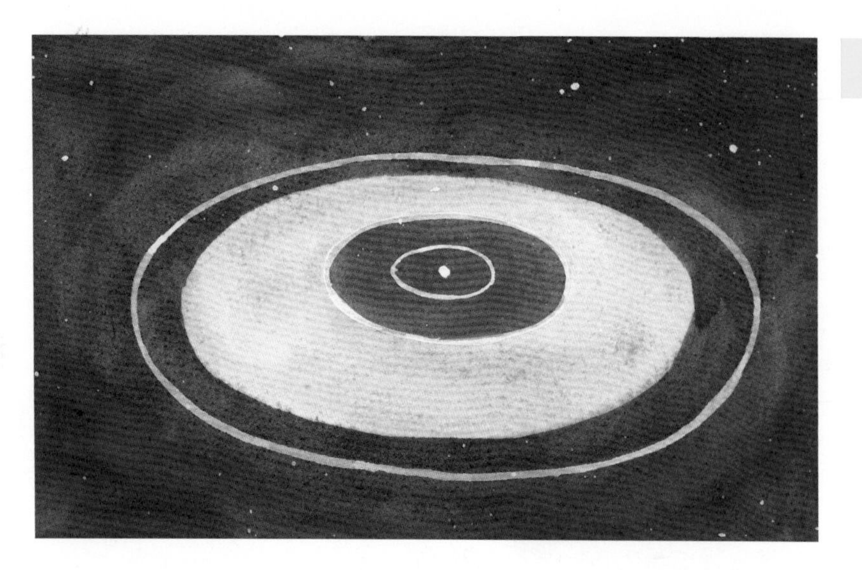

▶ 最近的移民星球

位于行星轨道最中间的沃尔夫1061c是一颗岩石行星，它处于恒星宜居地带，可能存在着液态水，甚至是生命。它的质量是地球的4倍，是迄今发现太阳系外部最近的潜在宜居行星，距离地球仅14光年。

现成的移民星球

土卫二直径约500千米，中心是岩石，表面的冰壳下面存在着覆盖全球的液态水。海洋南极区域有大量的间歇泉，包含氢气和二氧化碳。这样看来，土卫二几乎已经具备了生命所需的全部要素。

土卫二

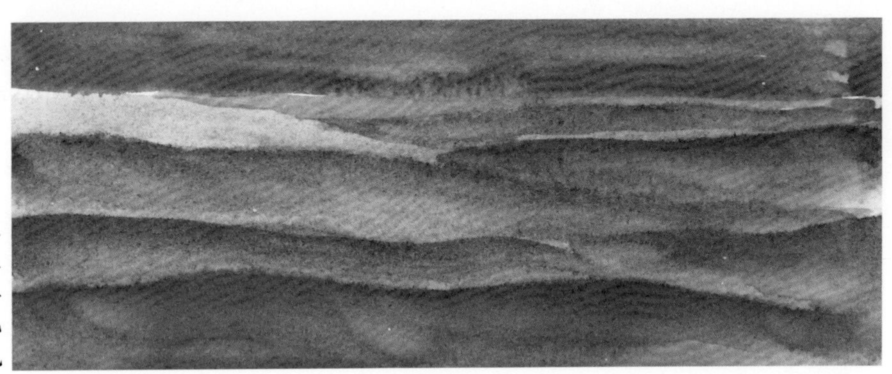

土卫二地貌

第二个地球

土卫六是太阳系中第二大的卫星，它有生命存在必需的化学物质，很有可能会成为第二个地球。土卫六的大气层中有99%的氮气，剩余的1%是甲烷、乙烷等组成的气体，像极了46 亿年前的原始地球上的大气，并且表面的条件也与原始地球相似。

土卫六下雨

土卫六

地球“双胞胎”

开普勒22b被称为地球“双胞胎”，它距离地球约600光年，直径是地球的2.4倍，表面温度约为21℃，非常适宜生物居住。此外，这颗行星上还可能有液态水，并且还像地球围绕太阳运转一样，环绕着一颗类似于太阳的恒星运转，运转一周约290天。